reimaginação
RADICAL

5 lentes para vislumbrar
futuros que desejamos viver

Luciana Bazanella & Vanessa Mathias

Design: André Luiz Barbosa

reimaginação
RADICAL

5 lentes para vislumbrar
futuros que desejamos viver

Para nossos respectivos companheiros,
Wagner, Tacito e Caio
por terem nos suportado – no melhor sentido da palavra – durante todos esses anos, tornando possível cada linha que escrevemos aqui.

Para nossos filhos
Miguel, Aurora, Ayra e Dante
porque as suas próprias existências nos obrigam a ter esperança e nos mantém firmes para nunca desistirmos de construir os futuros em que desejamos viver.

sumário

Prefácio — 9

Capítulo 1
Elas já estavam começando a ficar muito cansadas de tudo — 12

Capítulo 2
Um convite à Reimaginação Radical — 28

Capítulo 3
Caixinha de Ferramentas para vislumbrar futuros — 82

Capítulo 4
Lente da Ousadia — 112

Capítulo 5
Lente Pluriversal — 136

Capítulo 6
Lente Sistêmica — 156

Capítulo 7
Lente Multitemporal — 178

Capítulo 8
Lente Multissensorial — 210

Capítulo 9
Sonhos Lúcidos — 242

Capítulo 10
Compartilhando o nosso sonho — 254

Atravesse o Espelho — 258

Agradecimentos — 281

Referências — 284

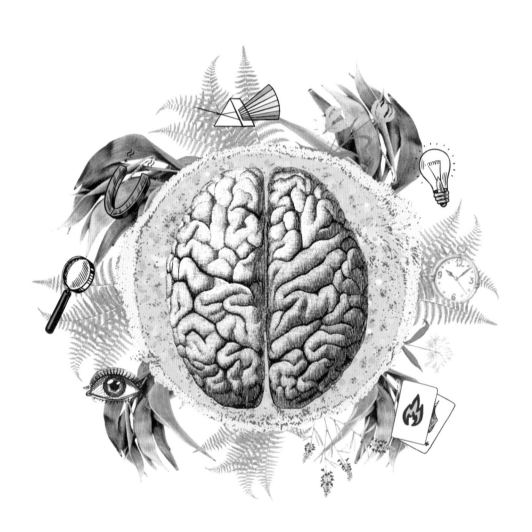

prefácio
para abrir os caminhos

Nosso prefácio foi reimaginado radicalmente e virou um prefácio colaborativo! Convidamos pessoas que admiramos para esse exercício criativo.

Todas elas foram escolhidas a dedo, pois viveram conosco muitas das experiências que compilamos aqui, portanto, podem falar em primeira pessoa sobre a aprendizagem da Reimaginação Radical.

Esperamos que esses depoimentos tragam a você, que está prestes a começar a ler este livro, a vontade de mergulhar conosco nessa jornada a partir das visões de quem colaborou com a gente para esta história ser contada.

"Vivemos tempos em que imaginar o futuro não é suficiente: é preciso moldá-lo, criá-lo ativamente. "Reimaginação Radical", escrito pelas inquietas Luciana Bazanella e Vanessa Mathias, da White Rabbit, vai além da especulação e nos convida a mergulhar num processo de reimaginação radical, a partir de lentes objetivas e indispensáveis, nesse caminho sem volta. Diferente de outras obras que dialogam com o tema, este livro oferece um guia prático para a construção de futuros desejáveis. Ele nos desafia a agir e reimaginar de forma ousada, radical e prática. Para quem busca mais do que ideias, e quer descobrir caminhos, esta é uma leitura imprescindível."
Cesar Paz
Sócio e Fundador da Ecosys

"Não dá para falar da minha trajetória sem mencionar a White Rabbit e como, graças à Vanessa e à Lu, mergulhei na "Toca do Coelho". Essa decisão, tomada há 7 anos, me tirou do mercado de comunicação e me lançou ao empreendedorismo educacional em uma palestra do Festival Path, onde, ao som de "It's the End of the World as We Know It", justamente o início do livro, lançamos aviões de papel com desejos de um futuro melhor. Para mim, foi o início de algo grandioso. Este livro oferece o mesmo impulso transformador, que não é apenas sobre ideias – ele oferece as ferramentas para quem deseja, de fato, construir um futuro melhor."
Guilherme Alves
Fundador e CEO da Explore Aprendizagem Criativa

"Se toda curadoria é um recorte, as coelhas, como são carinhosamente chamadas pela comunidade de futuros no Brasil, conseguiram entregar neste livro uma visão sobre as lentes que precisamos colocar para reimaginar radicalmente o futuro, fusionando perspectivas, saberes e fazeres de uma maneira absolutamente brasileira. Sistematizar as cinco lentes em um livro é de fundamental importância em um mundo onde a batalha das narrativas nos leva à distopia. Este livro inspira, mobiliza, problematiza e nos faz pensar sobre como podemos, a partir de nós mesmos, nos reimaginar neste mundo e nos integrarmos em um movimento de pessoas que desejam ter futuros."
Patrícia Carneiro
Fundadora da Plannhub Inteligencia, Estratégia e Inovação

"Precisamos reimaginar radicalmente o nosso futuro ou seremos a primeira espécie a se autodestruir. Se você já se deparou com essa informação, tenho certeza que passou noites pensando "e agora?". Reimaginação Radical, livro escrito pelas coelhas Luciana Bazanella e Vanessa Mathias, é o chacoalhão necessário para tirar você da inércia. Através de uma nova perspectiva, prática e ousada, o amanhã se torna possível. São tempos urgentes e acredite: você é protagonista da mudança."
Greta Paz
CEO da Eyxo

"Cara pessoa leitora deste livro,
Se você espera encontrar no detalhe a metodologia White Rabbit Reimaginação Radical, eu tenho um recado para você: você está e não está no lugar certo. Como isso é possível? Você terá, sim, acesso ao caminho criativo para desenvolver a base do pensamento de futuros da White Rabbit, mas não terá de uma maneira convencional.
Esta obra é mais que um livro: é livro-arte! Gosto desse nome, pois vivi de perto o processo criativo para dar corpo e (muita) alma a este sonho lúcido e coletivo. Sim, este livro é um presente! Imagine ter em mãos a(s) chave(s) para desvendar os futuros e mergulhar no coração do trabalho White Rabbit. O livro se transforma em um portal também para as mentes (brilhantes) daqueles que buscam reimaginar radicalmente tudo o que está à nossa volta. Prepare-se para ter sua mente expandida e visão de mundo transformada."
Lucymara Andrade
Account Director na Ipsos in Latin America

"De um lado uma instituição financeira centenária. Do outro uma consultoria com muitas décadas a menos. De um lado uma empresa que vende solidez, performance. Do outro uma empresa que vende o olhar para tendências, a inovação. Em comum? Uma profunda conexão de ideais: é possível criar um futuro melhor. E o começo disso é reimaginá-lo. Radicalmente. Somo-me assim aos muitos parceiros que, junto com Lu e Van, começaram a seguir o coelho branco nessa jornada de transformação. Individual. Coletiva. Cultural."
Rodrigo Montesano
Head de Brand Experience & Sponsorships no Itaú Unibanco

"Eu já perdi a conta de quantas vezes segui o coelho branco. Mas posso garantir que em todas fui surpreendida. A White Rabbit nasceu e cresceu para se tornar uma empresa que entrega o inimaginável: experiências com aquele *plot twist* que nos deixa arrepiados dos pés a cabeça; conteúdos que nos fazem questionar nossas crenças; performances que facilmente fazem com que a audiência se integre ao show e construa junto novas ideias de futuros.
E esse livro é a cara dessa turma! Generoso no seu conteúdo rico e elucidativo, com a abertura da metodologia completa e de suas ferramentas, de forma super didática, para que se possa ampliar cada vez mais a energia coletiva em busca de um futuro mais desejável. Impactante nos seus questionamentos mais profundos, por vezes nos fazendo repensar crenças estabelecidas e desaprender conceitos que já não servem mais. Brilhante na sua narrativa cheia de cadência e fluidez, que nos envolve como leitores e protagonistas dessa história, como nenhum outro livro é

capaz de fazer. É absolutamente lindo na construção e no design, com o olhar cuidadoso para cada arte, cada fonte, cada cor e cada detalhe.

Abra você um espaço para a reimaginação radical, siga o coelho branco e se permita ir além do país das maravilhas."

Beta Ramos
CEO Îandé Projetos Especiais

"Conheci a Vanessa Mathias e a Luciana Bazanella, da White Rabbit, no SXSW, um festival que frequento há oito anos. Tive o privilégio de acompanhar de perto o nascimento e o crescimento da empresa, sempre provocada a ver o mundo de uma maneira não óbvia. No SXSW, Lú e Vanessa se destacam como grandes conectoras da comunidade brasileira e, ao longo dos anos, se tornaram referências em inovação e criatividade.

Conectoras de pessoas e mentes, Vanessa e Luciana trazem, neste livro, uma jornada provocativa que nos leva a repensar crenças, padrões e hábitos que moldam nossas vidas e sociedades. Elas nos incentivam a questionar o *status quo* e a refletir sobre o legado que queremos deixar. Em uma era de transformações rápidas e profundas, onde as fronteiras entre o real e o virtual, o individual e o coletivo se tornam cada vez mais tênues, reimaginar não é apenas uma opção, mas uma necessidade urgente.

Reimaginação Radical é um chamado para que todos, como indivíduos e como coletividade, sejamos protagonistas ativos na construção do futuro que sonhamos. Vanessa e Luciana nos mostram o caminho; agora cabe a cada um de nós aceitar o convite e seguir em frente, prontos para questionar, transformar e reimaginar."

Simone Kliass
Co-fundadora da XRBR

"Vanessa Mathias, Luciana Bazanella e todo o time da White Rabbit têm me aberto mundos, caminhos e conexões há anos. Elas ajudam uma grande comunidade de inovação brasileira a projetar futuros, e elas colocam todas as cartas na mesa, ali, para quem quiser enxergar. Mas a ação mais importante, ao receber uma dessas cartas, não é o olhar e enxergar. Mas focar no que fazer com essa informação e como multiplicar para que mais gente saiba. E adianto que aplicar essas cartas não é fácil e longe de mim ser referência nessa aplicabilidade. Fazer isso demanda intencionalidade e disciplina para transformar em hábito. As autoras nos alertam: "a tecnologia não irá nos salvar, porque a origem e a resposta dos maiores desafios está em nossos hábitos de existência, valores, crenças e sistemas". Logo, vamos combinar de olhar pra frente, mas tendo a certeza da nossa intenção de aplicar no presente o que precisa ser feito agora? As cartas estão na mesa."

Cleber Paradela
VP de Conteúdo e Inovação na DM9

"Algumas coisas não acontecem por acaso. Assim como Alice entrou no buraco atrás do coelho branco, eu entrei em um *pedicab* atrás de outra ruiva que mudaria para sempre minha forma de ver o mundo. Van e Lu são um presente do Universo, seres à frente de nosso tempo. E que sorte a nossa a generosidade delas para compartilharem tantas formas diferentes de encarar e agir sobre nossa realidade. Leitura indispensável para quem acredita que a construção de futuros mais desejáveis começa com cada um de nós."

Cecília Varanda
Gerente de Inovação na Unilever

"Não precisamos de mais métodos, ferramentas, *frameworks* e teorias. Precisamos apenas aprender a reimaginar. RA-DI-CAL-MEN-TE. Neste livro, Van e Lu reidratam as sementes adormecidas em cada um/a de nós por meio do puro suco de 5 poderosas lentes que ativam nossa capacidade de reimaginar o que já sabemos ser o futuro mais bonito que nossos corações conhecem (né, Eisenstein?). Entregue-se a este convite e una-se à trupe de quem já está radicalmente questionando as estruturas ao resgatar o que há de mais humano em nós: a capacidade de (re)imaginar."

Datise Biasi
Pesquisadora, Curadora e Palestrante

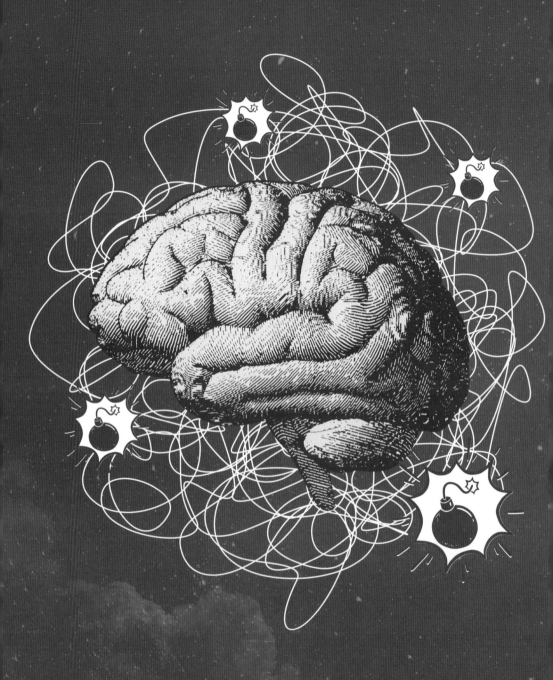

capítulo 1

Elas já estavam começando a ficar muito cansadas de tudo

It's the end of the WORLD as we know it

(é o fim do mundo como o conhecemos)

ouça agora e dance com a gente

And I feel FINE

(e eu me sinto bem)

R.E.M

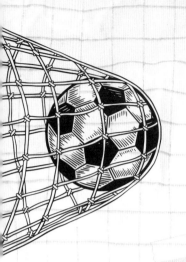

O dia era 8 de julho de 2014; o lugar, a quadra da escola de samba da Vai Vai. Nos telões, em vez do samba usual, um jogo. Os times? Brasil x Alemanha e você certamente se lembra do que estamos falando. Pairava, no ar, uma certeza: aquilo ali seria a grande festa da alegria nacional. Rapidamente, entendemos que a história seria outra. O recorde de audiência na TV alemã, com mais de 32 milhões de pessoas assistindo à partida confirmaria o massacre: 7x1 para os germânicos. Mas, apesar da goleada — e da tristeza — a verdade é que uma outra história paralela, bem menos triste, acontecia simultaneamente.

Enquanto a saraivada de gols se dava, estávamos nós, as autoras deste livro, absorvidas por aquela sensação típica de quando você conhece alguém que dá um clique. Não, essa não é uma história de como encontramos um par romântico (ou será que é?), mas sim de como ficamos tão entretidas uma com a outra — Vanessa e Luciana — e com a conversa sobre a irrealidade do mundo que nos esquecemos do frenesi ao redor. Ainda não sabíamos, claro, que aquela empolgação era, ainda, a fagulha inicial de uma empresa que estudaria o pensamento de futuros e os caminhos possíveis para conversas difíceis.

Pareceu, até aqui, muita informação? Então calma que vamos dar alguns passos para trás para conhecermos um pouco mais de onde se encontravam, antes, as personagens que se esbarraram nesse fatídico dia, na quadra de uma das maiores escolas de samba de São Paulo.

Olhei para o lado e as pessoas mexiam suas bocas, mas nada daquilo que diziam fazia sentido. Um bláblábá igual ao da professora do Snoopy (Gen Z: favor olhar a referência no YouTube). Para mim, era apenas mais uma reunião, na mesma cadeira azul, na mesma mesa de fórmica branca, com os mesmos slides. Estava trabalhando há cinco meses em um projeto que movia o texto para cá, a foto para lá. A *awareness* estava alta, mas a mensagem não estava crível o suficiente. Aparentemente, as pessoas não estavam acreditando que aquela bebida carbonizada e açucarada, com ácido cítrico, benzoato de sódio, corante caramelo e acesulfame de potássio, era natural. E genuinamente amazônica.

VANESSA MATHIAS (VAN)

Blábláblá credibilidade, blábá *uniqueness*, blá... as palavras iam ficando obscuras. Só conseguia mirar aquelas dez pessoas, estatísticos inteligentíssimos, ilustradores talentosos, escritores, tentando chegar a uma solução para que todos acreditassem que ácido cítrico, benzoato de sódio, corante caramelo e acesulfame de potássio eram ingredientes fresquíssimos.

Seria essa a vida que todos acreditavam de verdade? Aquela moça ali, de óculos. Será que ela quer que as pessoas metam refrigerante pela goela e venda tudo? Ela quer doenças cardíacas, diabetes tipo 2? Ou ela não sabe? E aquele ali, escrevendo o texto. Será que ele quer ser um redator tão genial, mas tão genial, que quer deturpar o conceito de naturalidade para que o maior número de crianças tenha obesidade infantil? Encontro-me caindo num buraco. E parece que esse buraco não tem fim.

São tantas mesas de fórmica branca e cadeiras azuis da Faria Lima tomando decisões que ninguém, ali, acredita. Todo mundo dentro de um buraco — dizem, aliás, que se você não tem referência, não sabe nem que está caindo.

E se você se permitir cair, talvez tenha fim. Talvez tenham muitas portas. Talvez você consiga até abrir e olhar: pode ser que haja, do outro lado dessa historieta, um País das Maravilhas.

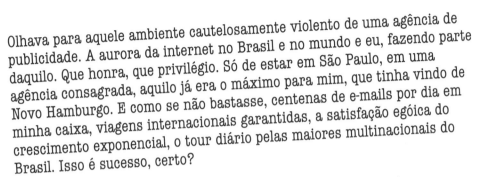

Olhava para aquele ambiente cautelosamente violento de uma agência de publicidade. A aurora da internet no Brasil e no mundo e eu, fazendo parte daquilo. Que honra, que privilégio. Só de estar em São Paulo, em uma agência consagrada, aquilo já era o máximo para mim, que tinha vindo de Novo Hamburgo. E como se não bastasse, centenas de e-mails por dia em minha caixa, viagens internacionais garantidas, a satisfação egóica do crescimento exponencial, o tour diário pelas maiores multinacionais do Brasil. Isso é sucesso, certo?

Poucas pessoas faziam parte desse mundo de oportunidades do que era o incipiente marketing digital, aliás, poucas pessoas sequer sabiam ou acreditavam que a internet mudaria completamente nossa existência. Eu tinha certeza disso e repetia esse mantra diariamente em ppts, reuniões e apresentações intermináveis. Acreditava nisso mesmo e, quer saber? O futuro mostrou que eu tinha razão. Mas, então, por que todos os dias eu sentia a repetição como a tônica da minha vida? A pressão constante, as reuniões intermináveis, os prazos insanos. Será mesmo que refazer uma frase pela sétima vez para um banner digital era um exercício criativo?

Sentada naquela cadeira de couro falso, cercada por paredes de vidro e colegas com olhares exaustos, percebi que não podia mais ignorar o que sentia. Não podia mais desconectar a vida real do trabalho.

O templo da criatividade parecia uma prisão de expectativas, superficialidades e dualidades. Ser íntegra e completa significava muito mais do que cumprir metas de cliques e likes ou fazer um viral para impressionar clientes incrédulos. Significava honrar o que eu sentia, mesmo que isso significasse questionar tudo o que eu conhecia até então.

LUCIANA BAZANELLA
(LU)

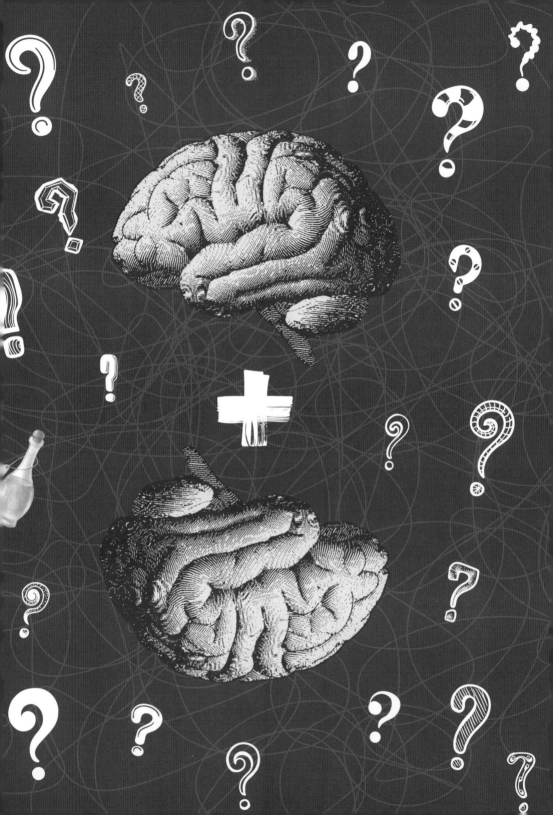

No dia em que nos encontramos, compartilhamos o momento de inquietação que estávamos vivendo. Talvez, aliás, você também já tenha passado por esse despertar que, inclusive, tem nome: **incerteza ontológica**. É um momento de um estado de profundo questionamento e transformação sobre a própria existência e identidade. É quando a realidade ao nosso redor deixa de fazer sentido da maneira que sempre conhecemos, desafiando nossas percepções mais fundamentais sobre quem somos e o que acreditamos. Exemplos disso podem incluir a sensação avassaladora de se tornar pai ou mãe pela primeira vez; uma experiência espiritual ou até psicodélica que redefine suas crenças; uma crise de carreira que faz você reconsiderar o propósito do seu trabalho; ou até mesmo um momento de epifania durante uma viagem que leva a repensar seu lugar no mundo. Nesses momentos, encontramo-nos em um terreno desconhecido, onde antigas certezas desmoronam e novas possibilidades emergem.

Nossa descoberta de que estávamos em pleno estado de incerteza ontológica consolidou-se por uma paixão em comum: a fascinação nutrida desde a infância pela história e estética de "Alice no País das Maravilhas", de Lewis Carroll. O coelho, símbolo clássico de curiosidade e mudança, representa perfeitamente essa jornada de incerteza ontológica. No livro, o Coelho Branco é o guia que leva Alice a um mundo em que a lógica é subvertida, desafiando sua identidade e a percepção da realidade.

No filme "Matrix," o protagonista Neo é instigado a "seguir o coelho branco", o que o leva a questionar a natureza da sua existência e a realidade em si. A imagem do coelho branco quase sempre aparece na cultura pop para um personagem que, como Alice ou Neo, sente desconforto com sua situação atual e sua conjuntura. Ela serve como gatilho para um "despertar".

Para nós, isso significou romper com carreiras que estavam em seu auge, de acordo com o senso comum. Estávamos em altos cargos em nossas respectivas e respeitáveis multinacionais, tínhamos a "segurança" de uma carteira assinada e crachás que abriam muitas portas. Mesmo assim, nós duas saímos porta afora desses lugares sem um destino certo.

No final, descobrimos que precisávamos de uma companhia para ter a coragem de atravessar o "espelho" – como fez Alice – e criar algo que fosse diferente, mesmo que ainda não tivéssemos propriamente a certeza de que iríamos criar uma empresa. Encontramos uma paixão em comum nos festivais de inovação e unimos nossos projetos pessoais de curadoria. Fomos buscar clientes para viabilizar nossas ideias, mas sempre tentando permanecer fiéis à nossa vontade de fazer a diferença no mundo.

Queríamos descobrir quem éramos sem os antigos crachás, mas os boletos também continuaram chegando. Por isso, fomos desenvolvendo esses projetos sem um objetivo preciso, até que a demanda crescente acabou nos levando a criar a nossa empresa que, desde 2017, desenvolve projetos de pesquisa relacionados à cultura de futuros, pesquisando narrativas emergentes e desenvolvendo experiências imersivas de aprendizagem. E foi o comando "FOLLOW THE WHITE RABBIT" que deu nome ao nosso negócio e continua a expressar constantemente nossa vontade de mergulhar na incerteza.

SIGA O COELHO BRANCO

Aprendemos, na prática do dia a dia, que vivemos em um momento de pura contradição quando se trata de pensamentos de futuros. Ao mesmo tempo em que estamos todos sempre ansiosos com o que virá, não temos espaço mental nem para imaginar nada além do horizonte do trimestre (qualquer semelhança com a experiência na vida corporativa não é mera coincidência). Por isso é tão desafiador conseguir arejar a mente toda vez que criamos um novo projeto.

Hoje, sabemos fazer isso com metodologias próprias e adaptadas, por meio do mapeamento contínuo de "sinais de futuros" e "ondas de disseminação". É assim que aprendemos como identificar conversas e temas emergentes que podem se desdobrar em disrupções sistêmicas, que impactam cenários futuros.

Uma das coisas que mais repetimos é: aqueles que esperam que digamos o que acontecerá no futuro certamente se decepcionará. E falamos isso porque o que fazemos é justamente investigar o presente: sinais que formam narrativas emergentes, causando impacto potencial nas esferas social, política, tecnológica, midiática, econômica, legal e ambiental. Identificamos as diferentes ondas de disseminação dessas mudanças e contemplamos as contradições. Honramos nosso lugar de fala de pesquisadoras do Sul Global e priorizamos análises focadas na realidade brasileira, embora sempre estejamos conectadas com movimentos internacionais que ressoam no Brasil.

TERMO FREQUENTEMENTE USADO PARA IDENTIFICAR AS REGIÕES DA AMÉRICA LATINA, ÁSIA E ÁFRICA.

Também trabalhamos com estudos customizados que podem focar em uma questão específica: como reimaginar a alimentação, reimaginar o trabalho, reimaginar o varejo, ou como reimaginar nosso uso das tecnologias emergentes — e isso só para dar alguns exemplos de campos de pesquisa em que já atuamos.

Toda essa bagagem moldou o que você vai encontrar mergulhando nesta leitura. O que apresentamos são histórias reais e é nisso que reside a força da Reimaginação Radical: cada conteúdo neste livro foi vivenciado, aplicado e discutido com múltiplos grupos, com muitas das maiores empresas do Brasil e do mundo, bem como foi testado e apresentado nos principais fóruns dos Festivais de Inovação nacionais e internacionais.

Assim como nosso encontro lá atrás foi pautado pelo interesse comum a um livro – "Alice no País das Maravilhas" –, hoje encontramos no projeto desta obra a forma ideal para consolidar e compartilhar nossas vivências e inquietações, mas também um conjunto de ideias, práticas e referências que pesquisamos e curamos arduamente com clientes e parceiros ao longo da história da nossa empresa. Apesar de termos facilitado centenas de *workshops*, palestras, festivais e estudos, temos orgulho de não ter respostas. Portanto, não espere tirar daqui um framework com soluções para o seu problema. O que queremos, para além disso, é que você imagine mais formas de rever o seu problema. O seu tema. Os seus desassossegos. Assim como o coelho branco, procuramos proporcionar experiências que façam pessoas e empresas mergulharem em algo novo, que subverte nossa própria visão de mundo.

A expressão "Rabbit Hole" [BURACO DO COELHO] aparece nas profundezas da internet como sinônimo do mundo que se desdobra em caleidoscópio, revelando camadas e camadas de desdobramentos, como a desorientação ou vertigem que Alice experimenta ao cair na toca do coelho. Parece bobagem (ou até prepotência), mas é exatamente assim que as pessoas se sentem quando começamos a desdobrar as diversas interdependências dos cenários futuros.

É tanta complexidade que dá uma espécie de tontura e com frequência elas têm a sensação de não saber onde segurar, onde irão, por fim, parar. Metaforicamente, é como se estivessem caindo na toca do coelho. E nosso convite é sempre o mesmo: confiar no processo. Dizemos isso na aposta certeira de que do outro lado do espelho há um País das Maravilhas para explorarmos em conjunto.

É isso que buscamos com o nosso trabalho: abrir espaços para que sigamos nossa curiosidade, pulemos de cabeça no buraco do coelho e exercitemos a capacidade de reimaginar o futuro radicalmente, atravessando o vazio da transição.

Queremos que você termine essa leitura livre do olhar viciado sobre o que pode vir a ser o futuro e aceite o nosso convite para usar novas lentes, que vão ajudar a enxergar os amanhãs possíveis que se escondem em nossos próprios pontos cegos. Porque, no paradigma da rede, é por meio da transformação de cada indivíduo que se constrói um coletivo melhor.

Se você está com nosso livro em mãos, esse é um chamado para sair do piloto automático e dar um chacoalhão nas suas perspectivas. Um processo que só pode começar se você disser sim e abrir por dentro a porta que permite a mudança de mentalidade.

capítulo 2

Um convite à Reimaginação Radical

> *"A ÚNICA FORMA DE CHEGAR AO* **IMPOSSÍVEL É ACREDITAR QUE É POSSÍVEL."**

Lewis Caroll
Alice no País das Maravilhas

Olhe para os lados e você verá que tudo precisa ser reimaginado. Da garrafa de plástico que entope os oceanos, ao algoritmo que exclui; do modelo de trabalho anacrônico até códigos de relações obsoletos; da velha política que ainda controla os meios de produção até o iogurte que damos para nossos filhos e que contém produtos cancerígenos. Essa é a magia e a maldição do nosso tempo de transição: reimaginar é quase uma condição de sanidade mental. E é, também, um modo de atuar e de fazer a diferença no mundo. Conforme utilizamos novas lentes para vê-lo, abrimos espaços para as habilidades ditas do futuro — mas que já estão sendo requeridas no presente —, e praticamos novas perspectivas e percepções sobre futuros possíveis.

Existe uma visão comum entre praticamente todo mundo, no mundo todo: a de que vivemos em uma era extremamente acelerada e complexa. Estamos imersos na sensação, que parece inescapável, de que tudo precisa ser feito aqui e agora. Aparentemente, a única certeza que temos é a de que nada está firmado como uma configuração permanente e, a qualquer instante, o que temos como seguro pode se desconfigurar rapidamente — como aconteceu durante a pandemia de Covid-19.

Vivemos em tempos pós-normais. É evidente que passamos por uma era de transição, quando muitas das ideias, sistemas, instituições e organizações que moldaram nossa realidade até agora se tornaram instáveis, obsoletas, ou agonizam. Esses movimentos ficam evidentes em ferramentas como o *Trust Barometer*, da Edelman, que ajuda a entender que estamos em um momento de clara erosão das instituições, situação que no Brasil é ainda mais dramática. Porém, as novas estruturas ainda não se consolidaram ou não nasceram.

Se você decidiu investir seu tempo de vida lendo este livro, provavelmente é porque você deve ter uma mente inquieta, um coração que pulsa por futuros diferentes e mãos que querem fazer algo distinto do que está posto. Você deve ser o tipo de pessoa que se questiona sobre o porquê das coisas serem como são e tem grande interesse em vislumbrar o que vem pela frente.

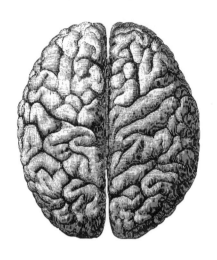

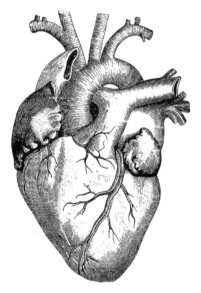

INSPIRAÇÃO:
ABORDAGEM HEAD/HEART/HANDS
DE SATISH KUMAR
(CABEÇA/CORAÇÃO/MÃOS)

Mas, se você, com a sua personalidade questionadora, veio aqui em busca de respostas, avisamos, novamente: o objetivo deste livro é fazer você sair daqui com ainda mais perguntas! E queremos começar essa travessia com uma indagação muito simples, mas muito complexa ao mesmo tempo:

o que você quer reimaginar?

Acredite: pensar futuros pode ser divertido e libertador. Caso nossos planos deem certo, você vai querer refazer essa jornada muitas vezes. Nosso objetivo principal aqui é despertar em você o desejo e a habilidade de vislumbrar futuros a partir de perspectivas, ideias e visões de mundo diferentes. Se você está inconformado, perfeito. Se está desalentada, dê um abraço aqui e vamos mudar isso juntos.

Não somos ingênuas. Sabemos que nossa tarefa não é simples. Queremos despertar a consciência para a cocriação de novos mundos possíveis e por isso nunca perdemos a oportunidade de compartilhar com os participantes de nossas experiências o propósito da White Rabbit, expresso nesta frase:

"ABRIMOS"

Escolhemos o verbo "abrir" como uma convocação provocativa. Em meio à crise de imaginação e da infodemia, a abertura é fundamental. Além disso, conjugamos esse verbo no plural, com a premissa de que só fazemos esse movimento coletivamente.

"ESPAÇOS"

Quando falamos de abrir espaços, estamos falando sobre possibilidades. Podem, claro, ser espaços físicos, mas, aqui, estamos falando especialmente de espaços mentais que têm potencial de expandir nossa percepção sobre o que é possível: novos futuros, novas formas de criá-los, novas formas de existir e maneiras de pensar que normalmente são consideradas inviáveis ou desconhecidas — ou até doidas mesmo. Você tem espaço no seu coração para acreditar que é possível reimaginar?

ABRIMOS ESPAÇOS PARA A

REIMAGINAÇÃO RADICAL

"REIMAGINAÇÃO"

Se imaginar é formar a imagem mental de algo, o prefixo "re" vem para designar a repetição e o reforço dessa ação. Nada escapa ao escopo da reimaginação. Aquilo que parecia estabelecido ou imutável pode e deve ser RE-imaginado. O prefixo "re" também aparece como forma de respeito ao legado no exercício imaginativo, pois na visão sistêmica tudo deve ser feito a partir do que existe, driblando a ideia de que precisamos começar do zero para construir o mundo em que queremos viver.

"RADICAL"

Estamos acostumados a chamar de radical o exagerado, mas o significado da palavra radical vem de "aquilo que vai na raiz". Aquilo que está na estrutura, na essência, e é a verdadeira fonte de potência. A reimaginação só acontece se realmente nos dispusermos a abrir espaços para ir na fonte dos fenômenos e comportamentos que queremos transformar.

Esse propósito expressa nosso desejo de iniciar conversas, e não terminá-las. Queremos fazer perguntas porque sabemos que o que ilumina é a pergunta e não a resposta. Para trilhar este processo precisamos exercer um olhar crítico em relação à realidade presente e ao "pensamento orientado a futuros". Consideramos que ambos são habilidades a serem cultivadas permanentemente.

Reimaginar passa por interrogar algumas crenças enraizadas, desprender-nos do cinismo e flexibilizar o nosso processo cognitivo.

A **Reimaginação Radical** é uma proposta continuamente reexaminada e aumentada. Ela não é um manifesto, um conceito acadêmico ou uma pretensa verdade anunciada. Cada camada de conhecimento que a rede nos oferece vai sendo ajustada e expandida a cada desaprendizado.

Sim, reimaginar radicalmente é um contínuo processo de esvaziamento e desaprendizagem. É um trabalho em que a aprendizagem é o processo, e o processo é a aprendizagem. É uma lente crítica sobre o *status quo*, pois ousamos propor reimaginar futuros a partir de algumas premissas:

- ⇨ DESAFIAR A NARRATIVA ÚNICA E COLONIAL SOBRE INOVAÇÃO E PENSAMENTO DE FUTUROS;
- ⇨ SUSPENDER O CINISMO E A DESCRENÇA, SEM FUGIR DAS CONVERSAS DIFÍCEIS;
- ⇨ ENGAJAR NO PENSAMENTO DE FUTUROS POR MEIO DAS HISTÓRIAS, ELEMENTOS LÚDICOS E ARTÍSTICOS;
- ⇨ RECONHECER MÚLTIPLAS VISÕES E EXPERIÊNCIAS;
- ⇨ UTILIZAR DA INTELIGÊNCIA COLETIVA E DAS INFINITAS POSSIBILIDADES DA REDE.

REIMAGINAÇÃO RADICAL NA PRÁTICA:
A METÁFORA DAS LENTES

Se estamos falando de criar futuros, como fazemos isso? É inerente ao processo de alargamento de fronteiras mentais querer colocar em prática. Na White Rabbit, somos diariamente confrontadas e desafiadas a estimular pensamentos de futuros que passem pela eminente disrupção de praticamente toda a atividade industrial como existe hoje — modelos econômicos emergentes, diferenças geracionais, aceleração de tecnologias emergentes, emergência climática, pandemia de saúde mental (e tudo isso ao mesmo tempo e agora!).

Percebemos que, dependendo do desafio que estávamos tentando endereçar, precisávamos de uma atitude mental diferente, um escopo diferenciado de técnicas, uma nova forma de fazer curadoria de conhecimento. Às vezes, precisávamos ser mais abertas a novas ideias e incentivar abordagens ousadas e inusitadas, às vezes, contemplar as consequências e aspectos sistêmicos de um desafio de inovação era mais importante. Alguns grupos necessitavam urgentemente de visões divergentes de futuros já que estavam com visões viciadas, outros grupos se beneficiavam mais de pensar com diferentes perspectivas de tempo, incluindo a integração do passado e como chegaram aos desafios do presente.

É bem verdade que pensar como futurista é muito sobre imaginar um binóculo acoplado à nossa forma de ver o mundo, como se estivéssemos sempre tentando enxergar além do que está posto no presente.

Mas também descobrimos na prática que existe um outro processo cognitivo extremamente poderoso: uma vez que vemos um padrão, o nosso cérebro tatua aquela imagem na nossa mente. A frase "IMPOSSÍVEL DESVER", é um grande direcionador do nosso trabalho, pois entendemos que se conseguimos propiciar que as pessoas VEJAM as coisas de forma diferente, elas não conseguirão voltar atrás nesse processo de aprendizagem e daí para diante poderão influenciar o seu entorno com esta nova visão. E assim, poderemos reimaginar o mundo.

IMPOSSÍVEL DESVER

Nosso cérebro é literalmente incapaz de voltar atrás em algo que conseguimos enxergar de uma forma divergente. Quer provas? Vamos compartilhar aqui um slide que utilizamos na primeira apresentação oficial da White Rabbit, em setembro de 2017 no Festival de Inovação Hack Town.

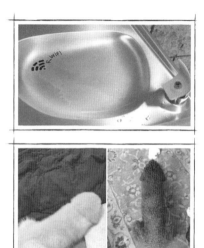

Você está vendo o sinal do Batman na testa deste cachorrinho? E o sinal de wi-fi no bebedouro? E você está enxergando cachorrinhos em formato de seta? Se você viu algo mais, pode rir com a gente, pois essa piada sempre funciona... Agora pisque os olhos e tente desver. Impossível, né?

E é por isso que integramos esta prática ao nosso propósito: levar as pessoas a **verem** os futuros com novas lentes e que, fazendo uso desses novos vislumbres, serão capazes de reimaginar realidades alternativas.

Ao tentar responder à pergunta "como fazemos para reimaginar radicalmente a nossa realidade?", descobrimos o caminho por meio da metáfora das lentes. Afinal, nos mais variados projetos de pesquisa, sempre nos propomos a criar formas de olhar que nos ajudem a aprender e, principalmente, desaprender formas viciadas de enxergar possibilidades de futuros. Ir na raiz das contradições. Vislumbrar possibilidades alternativas.

E POR QUE LENTES?

Com uma lente podemos aumentar ou reduzir o tamanho de um objeto, como quando focamos nossa atenção em compreender um fenômeno emergente. Também podemos gerar um filtro sobre uma realidade, nos permitindo explorar diferentes consequências de decisões e interdependências. Podemos ajustar o foco para enxergar com mais precisão. Podemos sempre mudar o ângulo e, com isso, vislumbrar novos mundos. E o mais importante: cada vez que trocamos de lente, vamos evoluindo no caleidoscópio de possibilidades em um mundo complexo.

O fato é que cada lente nos permite expandir nossa visão – de olhar além do que conseguíamos. E encontramos essa paz em investir nosso intelecto, nossa força de trabalho, nossa energia em buscar mais cenários – porque quando pensamos em mais, e melhores, também conseguimos enxergar cenários desejáveis. Por isso cada lente nos ajuda com novas perspectivas de pensar, sentir e fazer.

As lentes também formam uma jornada de aprendizado com visões, referências e técnicas específicas. Desse modo, você vai exercendo essa troca de lentes conforme se depara com questões e desafios. Logo você perceberá que quando observamos a realidade através delas, podemos ir alternando visões e sentindo quando cada uma das lentes pode ser mais adequada.

Ao buscar agrupar as ideias e práticas através da metáfora das lentes, chegamos a 5 possibilidades, configurando as 5 lentes da Reimaginação Radical que atravessam todo nosso trabalho de pesquisa e proposta de experiências de aprendizagem.

As 5 Lentes da Reimaginação Radical

LENTE DA
OUSADIA

Convida a questionar nosso *status quo* e imagens de futuros, mobilizando nossa indignação com o absurdo por meio do poder das boas perguntas.

LENTE
PLURIVERSAL

Possibilita ver o mundo para além de nossos vieses, mediante diversos paradigmas culturais e perspectivas que estão à margem da narrativa hegemônica.

LENTE
SiSTÊMICA

Amplia nossa perspectiva, fazendo com que enxerguemos com clareza as interdependências, desafiemos o pensamento linear e abracemos a complexidade, inspiradas no paradigma da inteligência da natureza.

LENTE
MULTITEMPORAL

Ajuda a exercitar novas noções de temporalidade para além da obsessão "curto prazista" e integra presente, passado e futuro.

LENTE
MULTISSENSORIAL

Mostra que, para conseguir imaginar futuros, precisamos usar não apenas nossas mentes, mas também nosso corpo, nossos sentidos e nosso coração.

E se você, através dessas lentes, ampliar o seu campo de visão, concorda que é quase impossível que retorne aos pontos-cegos que existiam anteriormente?

Pense que, a partir de agora, você vai adquirir a capacidade de trocar de lente conforme o desafio que quiser reimaginar. Temos a humilde pretensão que você saia transformado dessa experiência. Oferecemos, aqui, as ferramentas para que você faça a sua jornada de Reimaginação Radical e que, ao final desta leitura, sinta que sua capacidade imaginativa multiplicou-se graças às reflexões, aos exercícios e às práticas propostas em cada uma das lentes da Reimaginação Radical.

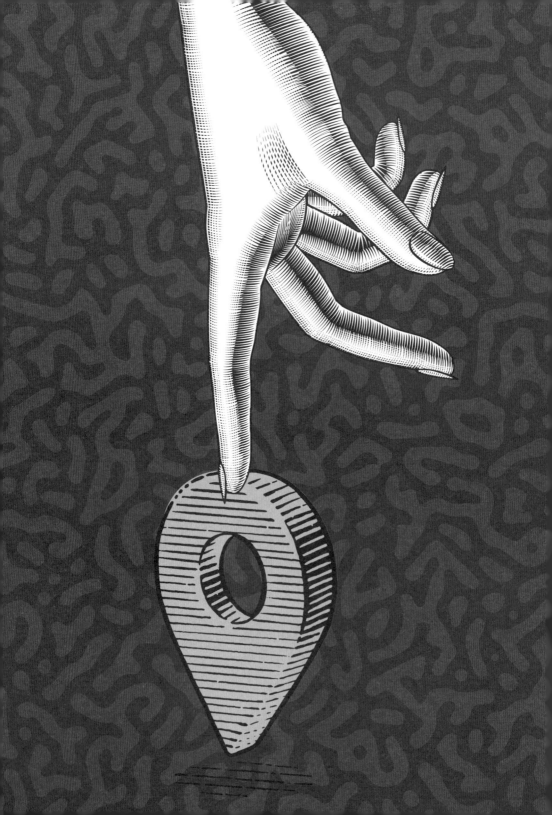

sobre esta jornada

Que bom que você chegou até aqui!

E não falamos isso da boca para fora. Consideramos um verdadeiro privilégio, porque sabemos que **tempo** é nosso recurso mais precioso. E pode ter certeza que cada página que você vira foi cuidadosamente desenhada para honrar isso e despertar o futurista que mora dentro de você. Como? Fazendo com que você revisite suas sensibilidades, use o poder dos sentidos e customize suas próprias práticas – alô, Lente Multissensorial!

E se tem algo que aprendemos ao pensar o design de todas as experiências imersivas de aprendizagem na White Rabbit é que precisamos nos engajar de verdade no pensamento de futuros. E sabemos: nós, seres humanos, temos a tendência de nos engajar com aquilo que sentimos prazer. Por isso, a dimensão lúdica, visual e divertida é sempre valorizada e é uma das marcas da Metodologia da Reimaginação Radical, conduzida sob a batuta do nosso sócio e designer André Barbosa, responsável pela criação das narrativas visuais da White Rabbit. *EU AQUI!*

Usamos deliberadamente o poder da beleza para fazer você se encantar com as ideias e mergulhar com a gente na reimaginação. Em nosso trabalho, valorizamos a integração dos conceitos de pesquisa por intermédio da tecnologia da contação de histórias. Assim, a forma como as coisas são apresentadas, para além do conteúdo, também é de suma importância. Dedicamos atenção redobrada para as imagens que utilizamos para contar essas narrativas. Cada escolha conta, e esse é o motivo pelo qual em todos os estudos e experiências que propomos temos a customização visual da narrativa como uma de nossas marcas registradas.

E o nosso livro não poderia ser diferente. Portanto, o que você tem em mãos é o que gostamos de chamar de **livro-brinquedo**.

E o que queremos dizer quando falamos que você segura, agora, um livro-brinquedo? Que ele é um mapa que leva você a explorar as ideias de forma interativa, reflexiva e lúdica. Reunimos muitas atividades para brincar com a sua leitura, trazer respiros para os seus pensamentos e convidar você a compartilhar essa jornada com outras pessoas mediante esse objeto mágico. Um livro! Um livro que é um convite para a ação direta, a interação e o entretenimento.

Não tem um único jeito certo de trilhar essa jornada. Pode ser que este tempo aqui seja uma coceirinha no seu cérebro. Ou, caso sinta vontade de ver o mundo com as lentes da Reimaginação Radical, você poderá aplicar esta jornada para qualquer área da sua vida: do reposicionamento de um produto, marca ou serviço a um projeto criativo (inclusive para tirar do papel aquela ideia que você tem na gaveta).

É na prática que a verdadeira expansão de consciência se faz, então **APENAS FAÇA!** (E divirta-se!)

Seu sonho de futuro ou o futuro dos seus sonhos tem as suas mãos nele! Por isso, nossa intenção não é só de abrir um espaço mental, mas também criativo, emocional e corporal para que todo esse processo de aprendizagem aconteça no seu ritmo – e com a sua cara.

Estamos aqui, assincronamente, torcendo para você aceitar esse convite, mas já deixamos avisado: depois que você vislumbra futuros, você não consegue mais desver! Como essa jornada só pode ser feita de dentro para fora, te convidamos a, simbolicamente, aceitar nosso humilde convite de embarcar conosco. Se você disser "sim" para a ousadia de pular na toca do coelho com a gente para vislumbrar novos futuros, que tal ocupar essa página com essa ideia?

Convite

Eu, _____ ,
ACEITO O CONVITE PARA ABRIR
ESPAÇOS À REIMAGINAÇÃO RADICAL,
e prometo tentar brincar com esse livro em busca de
construir sonhos de futuro e futuros dos sonhos.

Assinatura:

_____

mergulhando na toca do coelho

Que compromisso, hein? Você se comprometeu, por escrito, a percorrer esse livro dispondo-se a exercitar brincando. É hora de mergulhar na toca do coelho e sentir a vertigem do desconhecido.

Nossa convocação é justamente essa, que você se apresse em seguir o coelho e pule no buraco junto conosco, aproveitando a paisagem enquanto nos permitimos pensar, viver e sentir imagens de futuros alternativos.

Neste mergulho, vamos levar você para dois passeios mentais. Então vamos nessa?

PRIMEIRO PASSEIO
IMAGENS DE FUTUROS

O primeiro passeio são as imagens de futuros. Sim, estamos empacados porque nosso imaginário coletivo está entulhado de imagens de futuros. Como um armário cheio de roupas que não veem a luz do sol há anos, nossas velhas imagens de futuros não nos deixam espaço para construir os futuros que desejamos.

Você já parou para pensar o que o futurismo e as visões de futuro dominantes nos contam sobre o amanhã? Quem está criando essas imagens? E para quem?

Em geral, nossas imagens de futuros parecem sempre girar em torno de distopias e utopias. É a versão do diabinho e do anjinho no futurismo – um dualismo em que ou tudo fica ruim ou tudo fica perfeito.

Essas duas visões contrastantes são onipresentes no nosso imaginário cultural, principalmente no cinema e na literatura. Por um lado, elas são interessantes porque são provocadoras e fazem a gente se questionar coletivamente sobre o que poderia acontecer a longo prazo com a humanidade. Mas, por outro, essas ideias maniqueístas de futuro acabam por limitar nossa imaginação. Quer ver como?

FUTUROS DISTÓPICOS

Cena 1

Um cenário cinzento. Em um futuro não tão distante, uma grande corporação desenvolve um robô mais forte, mais ágil e tão inteligente quanto o ser humano. Quando um grupo mais evoluído desses robôs arma um motim, é hora de um esquadrão de elite caçá-los em nome da própria sobrevivência humana. O enredo soou familiar? Estamos falando de uma ambientação que acontece em 2019, e o filme, como talvez você já tenha suposto, é o Blade Runner.

Cena 2

Um mundo em que os recursos de óleo foram esgotados, deixando um rastro de fome, guerra e caos financeiro. Em meio ao contexto pós-apocalíptico, um policial começa uma verdadeira caçada contra a gangue que perseguiu e assassinou seus filhos e sua esposa. Eis o primeiro filme da trilogia Mad Max, e estamos falando de uma versão de apocalipse feita há mais de quarenta anos... soa familiar?

Cena 3

Após um golpe de estado, os EUA torna-se um território totalitário teocrático chamado Gillead. A sociedade enfrenta o desafio da baixa natalidade e o governo, como solução, decide colocar as mulheres férteis em uma vida de serviço forçado, em que são, diariamente, abusadas sexualmente. Revoltada, June decide se rebelar e libertar suas companheiras. Flagrou? Isso mesmo, estamos falando da série O Conto da Aia, baseada no romance homônimo de Margaret Atwood.

Se você gabaritou antes mesmo de darmos as respostas, isso comprova nossa tese: nossas mentes estão colonizadas pelas distopias. E, apesar de serem um ótimo entretenimento, elas costumam ser tão catastróficas que parece que não há nada que possamos fazer a respeito. E se a nossa imaginação coletiva é povoada em grande parte por estes tipos de histórias, o sentimento de "inevitabilidade" acaba nos deixando confortáveis para não fazer nada.

Outro problema nessas perspectivas é que, infelizmente, em muitos casos, elas já são o presente. Cidades inundadas, eventos climáticos extremos, refugiados climáticos, colapso midiático, guerras causadas por desinformação, polarização política extrema: qualquer semelhança com o início dos anos 2020 não é mera coincidência. Ou seja, está na hora de perceber a distopia do presente, para que ela seja combustível para transmutação.

Quantas vezes, ao tentarmos exercer o otimismo sobre o futuro, não nos deparamos com imagens perfeitas? Desafiamos você a puxar pela memória esses cenários.

FUTUROS UTÓPICOS

O que você consegue se lembrar? Que imagens vêm à sua cabeça?

Agora, erga a palma da mão, com os dedos estendidos e abaixe um deles toda vez que acertamos algum elemento dessa fotografia que você criou:

1. Tudo é muitíssimo branco, alvo, com elementos prateados;

2. O urbanismo é a bola da vez. As cidades são inteligentes, os carros voam, não há nada que não seja automatizado;

3. As interfaces são virtuais e tudo é executado por comandos de voz e reconhecimento digital;

4. Há uma sensação de alegria generalizada. Todo mundo parece feliz, saudável e ativo o tempo todo;

5. A vida parece meio plástica. Limpa demais, encaixada demais, roteirizada demais.

Não há qualquer sinal de desigualdade, conflito ou de outro problema estrutural, desses (bem comuns) que afetam bilhões de pessoas hoje e que estão muito longe de serem solucionados. Inclusive, coloquialmente, é muito comum usarmos a palavra "utopia" como algo inalcançável, num contexto até de ridicularização.

As histórias utópicas sobre o futuro dificilmente respondem como chegaremos lá, por isso costumam soar ingênuas e bobas. E esse desprezo com a utopia faz com que a gente tenha dificuldade em suspender o cinismo e vislumbrar imagens positivas de futuros.

Mas tem algo que esses dois tipos de imagens de futuros têm em comum, você consegue perceber o que é?

Tanto ideias utópicas quanto distópicas são visões de transcendência ou de fuga: metaverso, imortalidade, vida em Marte, singularidade tecnológica. É como se não tivéssemos como fugir desses futuros que aparentemente ninguém quer habitar.

Seriam realmente essas visões de futuro, tão desconectadas da nossa realidade, das crises atuais e dos desafios reais que bilhões de pessoas já vivem, as verdadeiras visões que vão garantir a sobrevivência da vida na Terra?

Geralmente, quando pensamos no futuro, nossa mente já está loteada de imagens de futuros catastróficos, em que destruímos o planeta e vivemos uma vida cada vez mais sem sentido. Quem conta essas histórias de futuros? Na maioria das vezes, aqueles que têm o poder – no sentido mais tradicional. Alguns são bilionários enviando foguetes para o espaço; outros são políticos, investidores, CEOs. Muitas das imagens de futuro propostas pelos "líderes de pensamento futuristas" são baseadas num desenvolvimento exponencial da tecnologia. É uma visão utópica da tecnologia, onde, supostamente, ela sempre oferecerá todas as respostas que procuramos. Como se todo e qualquer desafio pudesse ser superado com a ajuda de uma nova e hipotética ferramenta ou descoberta científica.

Escassez hídrica? Tudo bem! Certamente vamos descobrir como dessalinizar a água do mar muito em breve.

Crise climática? Tudo bem! Certamente vamos descobrir uma nova tecnologia super eficiente em absorção de carbono da atmosfera que vai resolver isso.

Pandemia da saúde mental? Aguarde que muito em breve teremos a pílula perfeita para todas as mazelas da mente.

Pense em um problema e já temos a solução: nossa inteligência artificial avançadíssima de um futuro hipotético vai ser capaz de criar todas as soluções que precisaremos. Pronto, está aí a receita da passividade no presente.

Acontece que a tecnologia não irá nos salvar, porque a origem e a resposta dos maiores desafios está em nossos hábitos de existência, valores, crenças e sistemas. As "grandes mentes" dedicam-se, hoje, mais a imaginar como fazer uma pessoa ficar uma maior quantidade de tempo usando um aplicativo, ou em como induzí-la a fazer uma compra supérflua e por impulso, do que efetivamente a criar soluções para os problemas reais da humanidade.

No entanto, é fundamental pontuar que isso não quer dizer que entender as tecnologias não nos importa, muito pelo contrário. Compreender a tecnologia – e algumas tecnologias emergentes como Inteligência Artificial, Internet das Coisas, Realidade Aumentada – é absolutamente crucial para reimaginar futuros. Fazemos estudos e *workshops* sobre

> PERSPECTIVA QUE QUESTIONA AS ESTRUTURAS DE PODER E CONHECIMENTO HERDADAS DO COLONIALISMO, CRITICANDO O EUROCENTRISMO E AS HIERARQUIAS QUE MARGINALIZAM SABERES E CULTURAS NÃO OCIDENTAIS. UMA PERSPECTIVA DECOLONIAL BUSCA PROMOVER NOVAS FORMAS DE PENSAR E AGIR, BASEADAS EM PLURALIDADE E INCLUSÃO DE VOZES HISTORICAMENTE SILENCIADAS.

tecnologias emergentes desde o início da White Rabbit. Porém em uma perspectiva decolonial, precisamos enxergar as tecnologias a partir da reestruturação sistêmica. Ainda temos tempo e agência para decidir como a popularização recentíssima da Inteligência Artificial vai nos servir.

A Inteligência Artificial não quer automatizar trabalhos ou precarizar profissões. Elas não possuem vontade própria nem uma tendência moral. Se essas coisas forem acontecer, a culpa é nossa mesmo. Dos humanos. Nós teremos deixado esse futuro acontecer.

A massificação do uso da Inteligência Artificial tem potencial para ser uma grande emancipação criativa para a humanidade, já que agora nós temos ferramentas acessíveis a todos, que possibilitam experimentar e criar coisas completamente novas. Quem sabe esse é o começo de uma nova era da imaginação? Sim, estamos querendo ser otimistas, embora o presente nos mostre uma tecnologia desregulada na mão de um pequeno grupo de empresas que estão claramente focadas no lucro. Veja como também aqui é fundamental termos exercitado bastante nossos músculos da Reimaginação: como podemos garantir o desenvolvimento ético dessa tecnologia que pode impactar diretamente todos os aspectos de nossas vidas?

Veja como precisamos aprender a pensar de forma crítica sobre como, por quem e por que as tecnologias existem. E, inclusive, questionar se elas deveriam existir. Ou seja, essas imagens distópicas que tratam o avanço desenfreado das tecnologias como algo inexorável também precisam ser revistas. Onde mesmo que está escrito que estamos todos destinados inevitavelmente a viver na distopia de alguns poucos bilionários? Tecnologias devem sempre expandir o potencial humano, seja intelectual, físico, criativo ou emocional. Talvez seja necessário recuperar o significado original da palavra tecnologia em vez de restringi-la às tecnologias da informação, criadas por grandes empresas do Norte Global. Que tal abarcar tecnologias sociais e ancestrais?

BURN

Quando nos demos conta de que esse loteamento mental é algo onipresente na nossa cultura, passamos a nos questionar sobre como poderíamos ajudar as pessoas a **ABRIR ESSE ESPAÇO**. Encontramos a resposta em uma tecnologia ancestral: o fogo. Foi assim que nasceu o ***BURN***, uma atividade na qual convidamos os participantes dos nossos *workshops* a literalmente queimar o que as impede de inovar, as imagens viciadas de futuros trágicos, os medos e empecilhos emocionais que as mantém no mesmo lugar de estagnação imaginativa. Nos *workshops* virtuais, criamos uma interface que simula o fogo; em *workshops* presenciais, criamos fogueiras reais (e já compramos muita briga com segurança do trabalho para nos deixar botar lenha na fogueira!). São sempre momentos catárticos em que as pessoas conseguem vislumbrar uma liberdade mental desses condicionamentos aprisionantes. Assim como estamos constantemente fazendo a limpeza da nossa casa e desapegando de objetos que não usamos mais, convocamos você a fazer o mesmo com suas imagens de futuros que não servem mais.

Use a próxima página para escrever o que impede você de reimaginar. Quais são as ideias e sentimentos que sequestram a sua imaginação? Escreva tudo, sem freios. E depois queime (em algum lugar seguro, por favor!). Deixe o fogo transmutar tudo aquilo de que você precisa se libertar antes de seguir adiante na sua jornada de Reimaginação Radical.

QUEIME ESTA PÁGINA

Pare. Respire fundo. Olhe pela janela. Deixe a mente divagar um pouco. Agora que você já abriu espaços queimando ideias preconcebidas de visões distópicas e sentimentos que te impedem de reimaginar, você ganhou seu ingresso para o próximo passeio. Você está pronto para o próximo tour?

SEGUNDO PASSEIO
TOUR DAS CRISES

Ufa! Que bom abrir um pouco de espaço, concorda? Até porque você vai precisar atravessar agora um trajeto bastante turbulento. Na queda da toca do coelho, vamos levá-lo para um passeio que vai convencê-lo do porquê da urgência em reaprender a imaginar.

Atualmente, estamos em um ponto de inflexão de uma série de crises simultâneas. É possível mapeá-las a partir de dados e sinais que evidenciam que essas rachaduras são reais e muito profundas. Essas crises definem o **espírito do tempo** – ou o *Zeitgeist*, expressão em alemão muito usada como um conceito importante para pensar futuros – desse início de século tão conturbado.

Em 2022, o dicionário britânico Collins elegeu o termo "permacrise" como a expressão do ano, justamente para definir este período extenso de instabilidade e insegurança, no qual cada uma das crises atua sobre a outra de forma imprevisível. Pensar sobre isso pode ser desconfortável, chato e extremamente cansativo para pessoas sensíveis. Mas não pensar também não é a saída, pois precisamos estar profundamente cientes desse contexto para reimaginar. E quer saber? Se você vive no Planeta Terra, você está em contato com essas múltiplas crises todos os dias. Encarar o desconforto de frente faz parte da jornada de reimaginação. Então coragem, pois, em apenas alguns minutos, vamos levar você a um passeio guiado pelas principais crises do nosso tempo. Aperte os cintos, estamos partindo em uma tour pelos dramas do século XXI.

CRISE ECONÔMICA

Vivemos globalmente duas décadas de instabilidade no crescimento econômico, com flutuações significativas e momentos de grandes crises. É difícil não apostar em um cenário de disrupções sistêmicas no próprio paradigma da economia global, especialmente quando paramos para pensar que a década já começa com uma pandemia, cujos desdobramentos sistêmicos ainda estão longe de serem compreendidos ou absorvidos em diversos aspectos.

Quando olhamos para o futuro do trabalho, vemos a automação e a inteligência artificial transformando rapidamente os mercados de trabalho, substituindo empregos tradicionais e exigindo novas habilidades. Não vamos trazer projeções de substituição de trabalho por máquinas por dois motivos. O primeiro é que não acreditamos ser possível prever essa disrupção, justamente por ser uma disrupção. E o segundo é que, ao imprimir essas páginas, a estimativa já estaria desatualizada, tamanho o investimento crescente no desenvolvimento da inteligência artificial. O que podemos afirmar é que o impacto na economia é absolutamente radical, justamente porque será uma disrupção na forma como trabalhamos, destacando uma lacuna significativa de habilidades que precisa ser abordada, além da própria função social do trabalho. Neste contexto, pautas como a Renda Básica Universal precisam ser consideradas.

Além disso, desastres naturais, como incêndios florestais, furacões e enchentes, têm causado bilhões de dólares em danos, afetando infraestruturas críticas e deslocando comunidades inteiras. O risco financeiro da emergência climática é uma verdade inconveniente que está ganhando espaço rapidamente justamente pelos custos já evidentes dos eventos climáticos extremos no mundo, pressionando ainda mais toda a economia. Esquecemos a evidente realidade de que operamos em um sistema finito em termos de recurso – o Planeta Terra – ao continuarmos medindo o sucesso do nosso sistema econômico a partir da premissa do crescimento infinito.

Para complicar, chegamos a patamares de desigualdade absolutamente alarmantes, trazendo aguda instabilidade social a este cenário econômico já exaurido. Gostamos de trazer apenas um dado para exemplificar o absurdo desta concentração de renda: apenas 62 indivíduos detêm a mesma riqueza que 50% da população mundial, segundo a Oxfam. Apenas imagine isso: de um lado algumas poucas dezenas de pessoas, do outro, bilhões de indivíduos famintos. Crescem manifestações na internet de ódio aos super ricos, enquanto a pauta da desigualdade patina, justamente por suas implicações sistêmicas.

Portanto, estamos diante de uma encruzilhada econômica em que as soluções usuais não são mais suficientes. Precisamos reimaginar radicalmente como nossa economia funciona, priorizando sustentabilidade, equidade e resiliência. As medidas de sucesso que conhecemos como crescimento econômico e PIB estão em xeque no contexto da permacrise, e com isso, toda a lógica da economia como a conhecemos.

CRISE DESIGUALDADE

A grande promessa do capitalismo era a de que o bolo ia crescer e a gente iria dividi-lo. Mas não foi bem assim que aconteceu. Pela primeira vez em muito tempo, a geração que entra no mercado de trabalho, hoje, ingressa com menos condições de ascender socialmente do que a anterior. A desigualdade e a concentração de renda, que sempre foram brutais, têm se agravado, principalmente no período pós-pandêmico.

Se a gente já falava isso há décadas, atualmente os dados são tão trágicos que poderiam ser cômicos. Imagina que tenhamos 26 humanos (HUMANOS mesmo, nao são grupos sociais, não são países) com 50% da riqueza global.

Não é possível que mesmo esses bilionários acreditem que isso seja justo.

Em 2023, a desigualdade de renda atingiu novos picos, com os 10% mais ricos do mundo detendo 76% da riqueza global, enquanto os 50% mais pobres possuíam apenas 2%. Esse nível de desigualdade é um dos principais fatores que contribuem para o aumento da pobreza e da instabilidade social. Ou seja: violência, crimes e todos os problemas que conhecemos. A crise da desigualdade também se manifesta de maneiras mais sutis, mas igualmente devastadoras. No mercado de trabalho, a automação e a precarização têm aumentado a insegurança entre os trabalhadores. As empresas com base em tecnologia, que prometem inovação e crescimento, muitas vezes contribuem para a fragmentação do emprego, com mais pessoas trabalhando em empregos temporários, de meio período ou autônomos sem benefícios de saúde ou segurança trabalhista.

A Organização Internacional do Trabalho (OIT) estima que, globalmente, cerca de 1,5 bilhão de pessoas estão em empregos vulneráveis, uma categoria que inclui trabalhadores por conta própria e trabalhadores familiares não remunerados.

A crise da desigualdade não é apenas uma questão econômica, mas também uma questão de justiça social. A desigualdade extrema corrói a coesão social, aumenta o crime e a violência e mina a confiança nas instituições democráticas. O Fórum Econômico Mundial já vinha alertando desde 2014 que a desigualdade é uma das principais ameaças à estabilidade global, e que sem ações concretas para abordar essa questão, a sociedade enfrentará desafios cada vez mais profundos em manter a paz e a prosperidade.

Portanto, a crise da desigualdade exige uma Reimaginação Radical de nossas políticas econômicas e sociais. Precisamos de estratégias que promovam a redistribuição de riqueza, a justiça econômica e o acesso equitativo às oportunidades. Somente assim poderemos construir uma sociedade mais justa e resiliente para todas as pessoas.

E se esse parece o tipo de conversa que você associa a um lado específico do espectro político, vale refletir se não é a hora de termos conversas mais maduras do que tivemos nos últimos 50 anos.

Olhar para os problemas não de forma binária, mas respeitando sua natureza complexa e nos questionando: conseguimos imaginar juntos um pós-capitalismo, ou ainda, um capitalismo menos desigual?

CRISE SAÚDE MENTAL

Talvez a crise de saúde mental seja uma das crises mais visíveis e onipresentes dos tempos modernos. Nunca houve tanta gente sofrendo de ansiedade, depressão e solidão. Aliás, no seu próprio núcleo familiar ou empresarial direto você deve ter esses casos – se não for você, é alguém próximo. Mas é assim também no mundo: segundo a Organização Mundial da Saúde (OMS), uma em cada oito pessoas no mundo vive com um transtorno mental, totalizando quase um bilhão de indivíduos.

Para nós, na White Rabbit, a crise de saúde mental não é apenas uma estatística, mas uma realidade vivida diariamente. Em nossa própria empresa vimos isso de perto: em qualquer dado momento tem um colega lutando contra a ansiedade, outro com *burnout* e um terceiro com depressão, enquanto nós mesmas escrevendo esse livro também estivemos em luta constante para conseguir estudar a permacrise e dar conta de nossa saúde mental e emocional. Essas experiências pessoais refletem uma realidade maior e mais perturbadora.

Em todos os nossos estudos relativos a futuro do trabalho, a crise da saúde mental é um dos fatores mais impactantes. O mesmo podemos dizer em relação a estudos que mostram os comportamentos de grupos geracionais: o sofrimento psíquico pauta a forma de estarmos no mundo hoje.

E não são apenas os adultos que sofrem. Os jovens e adolescentes são particularmente vulneráveis, com taxas alarmantes de depressão e ansiedade. A pressão das redes sociais, o medo de ficar de fora e a incerteza sobre o futuro criam um caldo cultural que é difícil de navegar sem apoio adequado. Os idosos também enfrentam suas próprias batalhas. A solidão e o isolamento social entre os idosos têm sido associados a um aumento no risco de demência e outras doenças mentais. Para muitos, a aposentadoria, a perda de amigos e familiares, e a diminuição da mobilidade criam um sentimento de inutilidade e isolamento.

A desconexão geral com os outros, com o planeta e com nós mesmos, alimentada pelo modo de vida moderno, é um fator crítico nessa crise. O uso excessivo de tecnologia e redes sociais contribui para sentimentos de inadequação, isolamento e baixa autoestima. Estudos mostram que o uso intensivo de redes sociais está associado a maiores níveis de ansiedade e depressão, especialmente entre os jovens.

Além disso, o *burnout* se tornou um fenômeno global tão alastrado que passou de ilustre desconhecido para um problema de saúde pública. O *burnout* é caracterizado por sentimentos de exaustão, aumento da distância mental do trabalho, ou sentimentos de negativismo ou cinismo, e eficácia profissional reduzida. Em 2023, estudos da AON mostraram que 59% dos trabalhadores americanos relataram sentir-se pelo menos moderadamente esgotados, com 35% classificando seu nível de esgotamento como alto ou extremo. E este esgotamento está diretamente relacionado à nossa incapacidade de abrir espaços para imaginar.

A crise de saúde mental é uma chamada urgente para reavaliarmos nossas prioridades e práticas diárias. Precisamos promover ambientes de trabalho mais saudáveis, fortalecer os sistemas de apoio social e implementar políticas públicas que reconheçam e tratem a saúde mental com a mesma seriedade que a saúde física. A conscientização e a desestigmatização dos transtornos mentais são passos essenciais para uma sociedade mais saudável e resiliente.

A crise de saúde mental não é apenas uma questão individual, mas um reflexo de um sistema que precisa urgentemente de reimaginação e transformação. E estamos juntos aprendendo.

CRISE CULTURAL DA DIFERENÇA

A crise da diversidade e inclusão é uma das questões mais absurdas e desafiadoras do nosso tempo. As questões de identidade, pertencimento e reconhecimento ganham uma urgência sem precedentes: problemas relacionados a xenofobia, gênero, racismo e outras formas de discriminação são uma herança que deveríamos ter vergonha.

Imagina explicar para um marciano como navegar nesse mar, que temos um sistema que define e valoriza certos grupos em detrimento de outros, nossas barreiras invisíveis? "Olha, Sr. Marciano, aquele lá nós não confiamos muito porque a cor da pele dele é mais escura que a nossa." Não soa absurdo?

No Brasil, a desigualdade racial é uma das manifestações mais visíveis dessa crise. Pessoas negras e pardas continuam a enfrentar discriminação sistemática em todas as esferas da vida, desde o emprego até a educação e a justiça criminal. Segundo o IBGE, a renda média das pessoas negras no Brasil é pouco mais da metade da renda média das pessoas brancas. Basta abrir um jornal para ver que a violência policial contra pessoas de cor é uma questão crítica, com casos frequentes de violência excessiva e mortes injustificadas.

Além disso, ainda hoje as mulheres continuam a ganhar menos que os homens por trabalho igual e são sub-representadas em posições de liderança. No Brasil, as mulheres ganham em média 22% menos que os homens. Além disso, a violência de gênero é alarmante: em 2022, o Brasil registrou um aumento de 5% nos casos de feminicídio em relação ao ano anterior.

As questões de identidade de gênero e orientação sexual adicionam outra camada a essa problemática. Pessoas LGBTQIA+ ainda enfrentam discriminação generalizada, violência e exclusão social. No Brasil, a violência contra pessoas LGBTQIA+ é uma das mais altas do mundo, com dezenas de assassinatos registrados anualmente. A cultura dominante muitas vezes é hostil e a legislação, embora tenha avançado, não é suficiente para proteger totalmente seus direitos.

A xenofobia e o preconceito contra imigrantes e refugiados são outras manifestações desta crise. Com o aumento das migrações, muitos imigrantes enfrentam condições de trabalho precárias, acesso limitado a serviços de saúde e educação, e são frequentemente alvo de violência e abuso. No Brasil, refugiados venezuelanos e haitianos, por exemplo, têm enfrentado desafios significativos para sua integração e aceitação na sociedade.

Portanto, a crise da diversidade e inclusão também exige uma Reimaginação Radical de como interagimos e valorizamos uns aos outros. Precisamos de políticas e práticas que promovam a equidade, celebrem a diversidade e garantam que todos tenham a oportunidade de prosperar.

CRISE DA REALIDADE

A crise da realidade é uma das mais desconcertantes e perturbadoras de nosso tempo. Em um mundo onde a informação está disponível instantaneamente e em abundância, a verdade se tornou um campo de batalha. As fronteiras entre fato e ficção, notícia e desinformação, estão cada vez mais borradas, criando um cenário em que cada pessoa parece viver em sua própria versão da realidade. Você certamente já experimentou essa sensação em uma roda de conversa com amigos que possuem diferentes perspectivas – e vivências – sobre um mesmo assunto.

A disseminação de *fake news* e a crise midiática são sintomas claros dessa crise. As redes sociais, originalmente projetadas para conectar pessoas, se tornaram canais potentes para a propagação de desinformação. No Brasil, durante as eleições de 2018 e 2022, vimos como notícias falsas e teorias da conspiração foram amplamente difundidas, influenciando a opinião pública e polarizando ainda mais o país.

Essa crise é agravada pela chamada "infodemia", um excesso de informação que torna difícil discernir o que é verdadeiro. Com tantas vozes e fontes competindo por atenção, muitas pessoas acabam se fechando em bolhas informativas, consumindo apenas conteúdo que confirma seus preconceitos e crenças preexistentes. Isso leva à radicalização e à fragmentação social, onde grupos distintos vivem em realidades quase paralelas.

A crise da realidade também está intimamente ligada à crise da democracia. Quando a verdade é relativizada e manipulada, a confiança nas instituições democráticas é corroída. A recente onda de discursos autoritários e a polarização política extrema refletem essa desconfiança. No Brasil, vimos manifestações que questionam a legitimidade das eleições e a integridade das instituições democráticas, muitas vezes baseadas em desinformação deliberada.

Essa crise se manifesta de maneira particularmente intensa nas discussões sobre mudanças climáticas. Apesar do consenso científico sobre a gravidade da crise climática, ainda há uma quantidade significativa de pessoas que negam sua existência ou a minimizam. A desinformação patrocinada por interesses econômicos que lucram com a exploração ambiental é uma força poderosa que impede ações eficazes contra as mudanças climáticas.

No dia a dia, essa crise afeta todos nós. Pense em quantas vezes você se depara com informações conflitantes sobre um mesmo assunto e sente a frustração de não saber em quem confiar. Em nossa própria empresa vira e mexe precisamos olhar e revisar: "espera, essa narrativa é de quem? A quem veio? Como podemos furar nossa bolha? Como verificar fontes? Como fomentar uma cultura de transparência e responsabilidade?"

A crise da realidade nos desafia a reavaliar o que consumimos, como consumimos e de que forma disseminamos informação. Precisamos de uma alfabetização midiática robusta, em que cada pessoa tenha as ferramentas para discernir o verdadeiro do falso, o factual do opinativo. Isso não é apenas uma questão de combate à desinformação, mas de fortalecer a base da nossa sociedade democrática.

Portanto, a crise da realidade exige uma abordagem coletiva e sistêmica para restaurar a confiança na verdade e nas instituições. Somente assim podemos navegar pelas complexidades do mundo moderno de maneira informada e coesa, construindo uma sociedade onde o conhecimento e a verdade são valorizados e protegidos.

CRISE DA DEMOCRACIA

A crise da democracia é uma das mais alarmantes de nosso tempo, ameaçando os próprios alicerces sobre os quais nossas sociedades são construídas. Em todo o mundo, vemos uma erosão da confiança nas instituições democráticas, o surgimento de discursos autoritários e uma polarização política extrema que coloca em risco o funcionamento e a estabilidade dos sistemas democráticos.

No Brasil, a crise da democracia é palpável. As últimas eleições foram marcadas por desinformação, ataques às urnas eletrônicas e à integridade do processo eleitoral. A confiança nas instituições é constantemente minada por discursos inflamados e teorias da conspiração, exacerbando a divisão social.

A polarização política extrema também é um aspecto crucial dessa crise. Em muitos países, incluindo o Brasil, os Estados Unidos e várias nações europeias, a política se tornou um campo de batalha onde o compromisso e o diálogo são substituídos pela hostilidade e pela divisão. Esse ambiente polarizado impede a cooperação necessária para enfrentar desafios comuns, como a crise climática, a desigualdade econômica e a saúde pública.

No entanto, defender a democracia não significa que não devemos questioná-la. A democracia, como qualquer sistema, não é isenta de falhas. Devemos criticar e examinar constantemente suas deficiências para evoluir e não retroceder. É crucial buscar maneiras de melhorar a representatividade, a participação e a equidade dentro do sistema democrático.

CRISE CLIMÁTICA

A crise climática é a mais urgente e abrangente das crises que enfrentamos, permeando todas as outras e ameaçando a existência da humanidade. As mudanças climáticas estão intensificando os desastres naturais, alterando ecossistemas e prejudicando a saúde humana e econômica de nações ao redor do globo. Cada vez mais há a necessidade de renomear esta crise como Emergência Climática.

Para quem ainda situa a emergência climática em um futuro distante, basta usarmos o exemplo alarmante das enchentes no Rio Grande do Sul, em 2024. Mais de meio milhão de desabrigados, impactos na ordem dos bilhões e centenas de mortos e desaparecidos alarmaram o Brasil e o mundo para uma realidade que se impõe: a dos eventos climáticos extremos que estão ocorrendo de forma mais frequente e potente do que as expectativas mais pessimistas dos próprios cientistas.

A ciência climática encontra o senso comum: não há mais como negar a instabilidade climática, sendo relatados eventos climáticos extremos com mais frequência e intensidade no mundo todo. Sem falar nos indicadores que tem concretizado as piores projeções, como as ondas de calor recorde e o derretimento acelerado de geleiras.

Os eventos climáticos extremos são impulsionados por terremotos, tempestades e incêndios florestais cada vez mais intensos, destacando a urgência de uma resposta coordenada e eficaz às mudanças climáticas. Ao mesmo tempo em que os líderes das empresas tendem a se alienar ou postergar ações necessárias para mitigar o impacto da atividade industrial no mundo, lidamos com uma verdade inconvenientemente óbvia: não há negócio possível em um ecossistema inabitável, não há empresa que prospere com a perspectiva iminente de ter suas sedes alagadas ou seus colaboradores perdendo suas casas em eventos climáticos extremos.

A crise não é apenas uma questão ambiental, mas uma crise de justiça social. As populações mais vulneráveis são as mais afetadas, tanto em países em desenvolvimento quanto em comunidades marginalizadas em nações desenvolvidas. No Brasil, comunidades indígenas e quilombolas enfrentam a destruição de suas terras e modos de vida devido ao desmatamento e suas consequências. Uma frase muito didática para compreender a ideia da justiça climática foi dita pelo pedagogo e sacerdote católico brasileiro Padre Julio Lancellotti: "Não estamos no mesmo barco. Estamos na mesma tempestade, uns de iate, outros a nado."

Precisamos considerar a sustentabilidade em todas as nossas decisões e incentivar nossos parceiros a fazer o mesmo. Isso inclui reduzir nossa pegada de carbono, promover práticas de negócios sustentáveis e apoiar políticas públicas que visem mitigar os impactos das mudanças climáticas.

A crise exige uma Reimaginação Radical de como vivemos e interagimos com o planeta. Precisamos de uma transição urgente para fontes de energia renovável, a implementação de políticas de adaptação e resiliência, e uma mudança fundamental em nossos padrões de consumo e produção. A nossa sobrevivência e a das futuras gerações depende das ações que tomarmos agora.

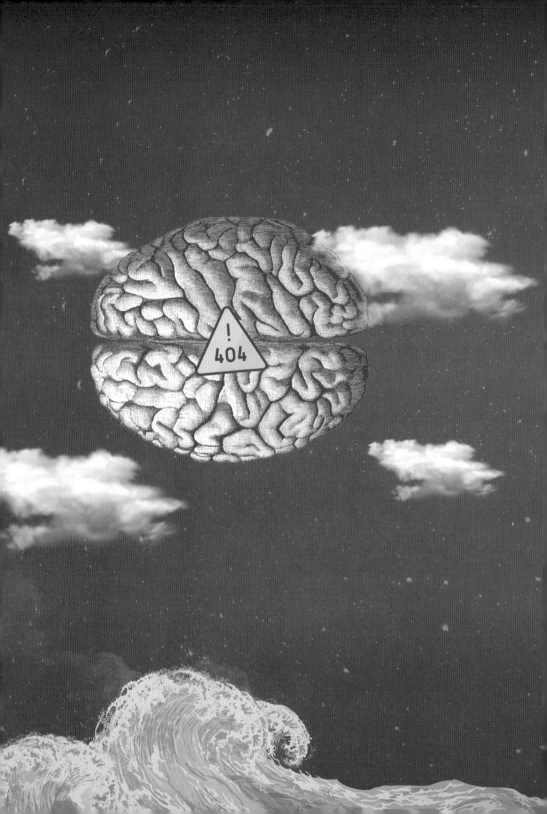

CRISE DA IMAGINAÇÃO

Lembra que falamos que nunca foi tão importante reimaginar? Ao final dessa rápida tour do apocalipse, você entendeu o porquê! Opa, mas ainda tem uma última crise, a da IMAGINAÇÃO.

Acabamos empacados (ou seria embasbacados?) com a envergadura dos desafios. Pior: acreditamos que não há mais o que fazer. Quando se trata de enfrentar a crise climática, é frequente as pessoas passarem direto do negacionismo para o desespero e então para a apatia, certos de que o tempo acabou e não há nada mais a ser feito. Será? Nós acreditamos que a crise da imaginação é resultado sistêmico desse combo de crises mas podemos lutar bravamente contra essa condição.

Usamos muito essa frase do escritor, filósofo e professor Mark Fisher. Basta enunciá-la para ver várias cabecinhas concordando na sala. Esta nada mais é do que uma expressão perfeita da Crise da Imaginação. Sim, é absolutamente natural imaginarmos um apocalipse zumbi, porém se ousamos imaginar estruturas alternativas para a nossa sociedade, somos imediatamente taxadas de ingênuas e fora da realidade.

A ideia central da frase é que o capitalismo moldou a cultura, a política e o pensamento contemporâneo de forma tão dominante que se tornou o horizonte inescapável para a maioria das pessoas. Essa hegemonia cultural do capitalismo faz com que, para muitos, pensar em colapsos apocalípticos seja mais fácil do que imaginar uma sociedade que funcione sob um sistema econômico diferente. O livro de Fisher explora como esse realismo capitalista se manifesta na cultura popular, nas políticas públicas e até na saúde mental, e argumenta que ele limita nossa capacidade de pensar em mudanças ou soluções sistêmicas para os problemas globais.

Não podemos deixar que os e desafios e os problemas que enfrentamos sufoquem o gênio de nossa criatividade humana coletiva exatamente no momento em que precisamos desesperadamente de soluções imaginativas e inovadoras. É como se estivéssemos na base de uma montanha que precisamos subir para chegar ao outro lado – os futuros que queremos viver – e justamente nesse momento ficamos absolutamente sem combustível para a travessia.

O modo de vida atual é insustentável. É claro que ninguém acorda de manhã e pensa: "Estou pronto para mais um dia de violência com o outro e destruição do meio ambiente!". Mas, de alguma forma, todos estamos implicados nestas violências porque elas são sistêmicas.

O potencial da imaginação humana é ilimitado, mas precisamos nos libertar de crenças que nos mantêm em ciclos repetitivos de alienação. Não se pode mudar o mundo a menos que se possa imaginar como seria um mundo verdadeiramente melhor.

Sim, o mundo precisa da sua jornada de Reimaginação Radical. Acredite!

E o que você quer reimaginar?

Em meio à tanta informação sobre o contexto em que estamos inseridos, não é de se surpreender que estejamos em plena crise de imaginação. Cada vez que nos propomos a mergulhar para além da superficialidade, tomamos consciência de que há um encadeamento sistêmico que nos causa vertigem, assim como na metáfora que usamos da Alice ao cair no buraco do coelho. É por isto que muitas vezes as pessoas evitam pensar em futuros. E vão guiando suas vidas de um modo automático até a exaustão.

Mas também sabemos que a coragem leva os inquietos e curiosos para caminhos novos. Você está aqui para isto. Para algumas pessoas, já começa a vir alguma ideia na cabeça e uma vontade de colocar em prática as lentes da Reimaginação Radical. Você pode estar pensando em reimaginar algo relacionado ao seu trabalho ou indústria: um produto, serviço, o propósito da sua empresa, a forma como seu time se organiza e trabalha junto, seu processo de inovação. Também pode ser qualquer outra coisa, tema ou interesse pessoal que o instigue.

Quem sabe você quer reimaginar uma experiência, talvez gastronômica ou a de um museu? Ou a comunicação e a forma como as pessoas se engajam com uma marca? Talvez você queira reimaginar como construímos e ocupamos nossos bairros e espaços públicos de convivência, como uma praça ou uma horta comunitária. Ou que tal reimaginar o processo que empresas usam para recrutar seus talentos? E reimaginar a forma como você educa seus filhos, incentivando-os a ver o mundo com lentes muito diferentes do que as que fomos condicionados a usar?

Se esse é o seu caso, sugerimos escrever aqui neste prisma o tema ou projeto que você quer reimaginar radicalmente. É uma forma de ir concatenando as ideias que virão a seguir com o seu assunto de interesse. Mas se você está pensando de forma mais ampla, temos um convite também: que tal pintar o prisma de arco-íris, ou com um degradê da sua cor predileta, só para dar uma pausa e, assim, conseguir absorver os impactos desse mergulho na toca do coelho? Dessa forma, você descansa e toma fôlego para continuarmos essa jornada.

capítulo 3

Caixinha de ferramentas para vislumbrar futuros

"Amanhã
vai ser outro dia
e cabe à nós,
os humanos,
adiarmos o fim que
ajudamos a murar."

Ailton Krenak
Ideias para adiar o fim do mundo

E aí, como foi esse rápido mergulho na toca do coelho? Muitas vezes é difícil assimilar que estamos empacados na crise da imaginação, porém é crucial compreender essa realidade tão evidente na repetição de padrões e no cansativo discurso da inovação que pouco endereça os verdadeiros desafios deste século. Acreditamos firmemente que estamos no trabalho de libertar mentes – a começar pela nossa própria. E o quadradinho que nos cabe nessa grande tarefa tem a ver com ser capaz de vislumbrar futuros com o realismo que o mestre Ariano Suassuna nos inspira: "O otimista é um tolo. O pessimista, um chato. Bom mesmo é ser um realista esperançoso."

Assim, a tarefa de expansão dos horizontes da imaginação está intimamente ligada com a educação. Você consegue vislumbrar como seria nossa forma de conviver no mundo se, desde sempre, tivéssemos os conceitos básicos para esticar nossos horizontes temporais e ver as transformações com suas implicações sistêmicas, com toda a ousadia que somos capazes? Que soluções seríamos capazes de cocriar coletivamente se usássemos o poder da arte e de todos os nossos sentidos, e se estivéssemos realmente abertos a perspectivas diversas das nossas, abraçando a pluralidade de vozes e visões da realidade?

Em outras palavras, se as ferramentas para lidar e expressar desejos de futuros fossem uma realidade na educação em toda a sua abrangência, muitos dos condicionamentos que queremos libertar com as lentes da Reimaginação Radical sequer existiriam. Entretanto, enquanto esse futuro não vem, entendemos que para você utilizar as lentes da Reimaginação Radical com estilo e fluência é necessário conhecer algumas ferramentas básicas de como pensar e falar de futuros.

O campo de estudos de futuros é muito novo e não nos cabe aqui fazer distinção entre os termos que são muito utilizados de forma coloquial ou como sinônimos: futurismo, futurologia, *foresight*, entre outros. Este não é um livro acadêmico, com uma conceituação academicista e de difícil acesso. (Se tiver curiosidade, recorra à inteligência artificial mais próxima do seu computador...) No entanto, achamos importante trazermos aqui nosso jeito de reinterpretar discursos que circulam e nos ajudam a visualizar possibilidades e cenários. Por isso, neste capítulo, gostaríamos de compartilhar algumas noções e ferramentas importantes que usamos para acionar nosso pensamento e ter um repertório comum para a prática do uso das lentes da Reimaginação Radical. São eles:

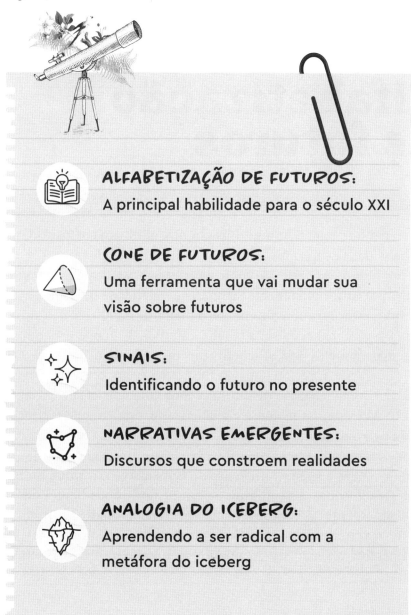

ALFABETIZAÇÃO DE FUTUROS:
A principal habilidade para o século XXI

CONE DE FUTUROS:
Uma ferramenta que vai mudar sua visão sobre futuros

SINAIS:
Identificando o futuro no presente

NARRATIVAS EMERGENTES:
Discursos que constroem realidades

ANALOGIA DO ICEBERG:
Aprendendo a ser radical com a metáfora do iceberg

alfabetização de futuros

Um termo que tem sido muito usado nos últimos anos para descrever essa habilidade de imaginar o futuro é "alfabetização de futuros", considerada por muitos especialistas como a maior habilidade para o século XXI. "Alfabetização" originalmente se referia à habilidade de leitura e escrita, mas, hoje, o termo cobre um número maior de competências, tais como "alfabetização financeira" e "alfabetização digital". Tem a ver com aprendizagem para toda a vida. Alfabetização, no contexto de futuros, refere-se à capacidade de saber imaginar o futuro e sua importância. Segundo a UNESCO, a alfabetização de futuros é uma competência essencial para o século XXI e que, assim como a alfabetização em leitura e escrita, todos podem e devem adquirir, de crianças a adultos.

Segundo Niklas Larsen, conselheiro do Copenhagen Institute for Futures Studies, a alfabetização em futuros permite nos tornar cientes das fontes de nossas esperanças e medos. Ela também melhora nossa capacidade de aproveitar o poder das imagens do futuro, para que possamos apreciar plenamente a diversidade do mundo ao nosso redor e as escolhas que fazemos.

Ser alfabetizado em futuros também significa entender que nós, como sociedade, precisamos evoluir de uma mentalidade baseada em previsões, na qual temos a ilusão de controle, para uma mentalidade que está aberta para trabalhar com a incerteza. Ou seja, trocar o ponto de afirmação pela interrogação – agindo e pensando com base na prontidão. Pode até parecer algo simples, mas a libertação da necessidade de certezas é algo difícil de se internalizar. A prontidão, por sua vez, significa abrir mão da expectativa de previsibilidade. Adotar essa mentalidade é entender que o futuro não é algo fixo, determinado, previsto, a que estamos subjugados. O futuro é algo passível de ser imaginado, criado e moldado. É assumir uma postura de protagonismo diante dele.

E é aí que as coisas começam a ficar mais interessantes: quanto mais pessoas se sintonizam, participam e agem de acordo com esse modelo de pensamento, maior é a chance de vermos futuros mais justos, mais plurais e mais sustentáveis se tornando realidade.

Outra forma de entender esse princípio é: "Quando lidamos com o futuro, é mais importante ser imaginativo do que estar certo." Esta é uma citação de Alvin Toffler, autor do livro "Choque do Futuro", publicado originalmente em 1960, texto fundamental no campo do pensamento de futuros. Muito mais do que algo a ser decodificado e previsto, o futuro é um lugar de possibilidades, um espaço onde temos a liberdade de imaginá-las como quisermos e escolher os modos de caminhar em direção a elas.

A ideia desse tipo de alfabetização, portanto, e sua disseminação como um conjunto de habilidades essenciais é muito interessante como premissa para você se engajar nesta jornada de libertar sua mente da crise da imaginação. Quão diferente seriam suas prioridades na carreira ou na educação de seus filhos se você realmente acreditasse nessa ideia, por exemplo? Os impactos desse tipo de educação e sensibilização é profundo e perene. Não faz sentido algum que continuemos a ignorá-la.

cone de futuros

O cone de futuros é um clássico do pensamento de futuros e é nosso queridinho também. É uma ferramenta visual que ajuda a vislumbrar diferentes possibilidades vindouras representando a variedade dos potenciais cenários.

O cone de futuros mostra como, a partir de um único ponto no presente, existe uma série de possíveis desdobramentos futuros possíveis.

Imagine que você tem uma lanterna na mão. Tudo aquilo que está mais próximo do feixe de luz vemos com mais clareza, o que está mais nas margens é mais difuso. Utilizando o cone é possível visualizar que a gama de caminhos possíveis se expande à medida que olhamos para futuros mais distantes, enquanto a disponibilidade de recursos, dados e evidências para inferir sobre esses futuros diminui.

Charles Taylor apresentou essa ideia em 1990 como "*plausability cone*", mas foi nas mãos dos futuristas Trevor Hancock e Clement Bezold, em 1994, que o cone de futuros foi utilizado para teorizar mais especificamente no contexto dos estudos de futuros.

Cone de Futuros

POSSÍVEIS
PLAUSÍVEIS
PROVÁVEIS
PREFERÍVEIS

- EVOLUÇÕES E DISRUPÇÕES SISTÊMICAS — +10 anos
- VISÃO — 5 a 10 anos
- PLANEJAMENTO ESTRATÉGICO — 2 a 5 anos
- TÁTICO — 12 a 24 meses

MENOS ← DATA, EVIDÊNCIA e CERTEZA → MAIS

Nos estudos de futuros, trabalhamos com a ideia de horizontes diferentes de tempo e, consequentemente, com níveis diferentes de incerteza. O cone nos dá uma perspectiva sobre como futuros podem ser classificados em quatro tipos: possíveis, plausíveis, prováveis e preferíveis (ou favoráveis). Dependendo de sua intenção ou projeto, é interessante mapear esses múltiplos tipos de cenários, tendo sempre em mente que alguns são mais prováveis do que outros. Os quatro tipos são:

Futuros possíveis:
inclui todos os tipos de futuros que podemos imaginar – aqueles que "podem acontecer" – não importa o quão improvável ou "fora da casinha";

Futuros plausíveis:
um subconjunto menor abrangendo futuros que "poderiam acontecer" de acordo com nosso conhecimento atual de como as coisas funcionam;

Futuros prováveis:
contém futuros que são considerados mais "prováveis de acontecer" e decorrem, em parte, da continuidade de tendências atuais. Alguns futuros prováveis são considerados mais prováveis do que outros. O futuro considerado mais provável é frequentemente chamado de "*business-as-usual*" e é uma simples extensão linear do presente;

Futuros preferíveis:
esse é o tipo de cenário futuro que se preocupa com o que "queremos" que aconteça. Pensar em futuros preferíveis é importante, pois é assim que estabelecemos uma visão de futuro desejável para a qual podemos estabelecer metas e ações que nos ajudarão a chegar lá. Ele se conecta diretamente com o conceito de esperança ativa.

Em algumas versões do cone de futuros, você ainda deve encontrar futuros chamados Wildcards e Cisnes Negros. Cisnes Negros, como definido pelo criador do termo Nassim Taleb, são eventos de baixa probabilidade e alto impacto. Ou seja, eventos que são tão pouco prováveis de acontecer que nem ao menos consideramos como possibilidade, estão totalmente fora do nosso radar. Mas que, quando acontecem, são altamente disruptivos.

Embora, muitas vezes, esses termos acabem sendo usados de forma intercambiável, Wildcards são eventos que até podemos imaginar, mas que possuem baixa probabilidade de ocorrer. A pandemia da Covid-19, por exemplo, não deve ser considerada um Cisne Negro, já que pandemias, por mais que sejam algo atordoante para se viver, já aconteceram na história da humanidade. Inclusive, muitos especialistas alertavam para a alta probabilidade de vivenciarmos uma pandemia de doenças respiratórias neste século. No entanto, podemos dizer que a pandemia é um Wildcard. Ou seja, já podia ser imaginado, mas ainda assim ninguém esperava que acontecesse.

O cone de futuros também nos dá uma visão sobre esses horizontes temporais. Olhando para um horizonte de tempo de um a dois anos, temos uma ampla quantidade de dados disponíveis e é possível tomar decisões bem acertadas a nível tático, mais imediato.

De dois a cinco anos, que é o que chamamos de futuros emergentes, temos um grau de incerteza um pouco maior e aqui desenhamos cenários que devem guiar as decisões estratégicas de uma organização.

Num horizonte de cinco a dez anos, podemos falar sobre imaginar cenários futuros para definir uma visão de longo prazo. Já que os níveis de incerteza aqui são maiores, podemos escolher agir de forma mais propositiva sobre esses futuros.

E, por fim, quando falamos de horizontes de dez anos ou mais, partimos para a especulação.

Na lente da multitemporalidade vamos falar muito sobre esticar horizontes temporais, pois nos abrem espaço para imaginar as grandes disrupções sistêmicas que são praticamente impossíveis de se prever. É praticamente ficção científica, mas, ainda sim, é um excelente exercício para ampliar nossa capacidade imaginativa e botar alternativas ousadas na mesa.

Por fim, quando a gente olha, então, novamente para o cone, fica claro que o futuro não é uma simples continuação ou uma extrapolação do presente. O futuro não é simplesmente um presente turbinado. É por isso que talvez a segunda regra mais importante de *foresight* (antecipação e criação de sentido coletivo para futuros prospectivos com horizonte de vinte a trinta anos) e futuros seja: desaprender o modelo de pensamento linear.

O cone de futuros é muito intuitivo e ajuda a expandirmos nossas visões, que é exatamente o que queremos propor ao sugerir que você troque de lente a cada vez que quiser reimaginar situações, projetos ou ideias. Esperamos que, assim como nós, sua forma de ver o mundo nunca mais seja a mesma depois de entrar em contato com essa poderosa ferramenta do pensamento de futuros.

sinais:
o futuro no
presente

William Gibson, autor de ficção científica, dizia que o futuro já está aqui e que ele só não está uniformemente distribuído ainda. Essa frase é muito famosa e representa perfeitamente como funcionam os sinais de futuros.

Sinais são evidências do futuro que podemos encontrar no mundo de hoje. São observações concretas sobre como o mundo está mudando e indicam para onde podemos estar indo. Quando olhamos para o presente, é possível identificar elementos e padrões. Afinal, o futuro nada mais é do que uma abstração, um desdobramento do que estamos vendo emergir no presente.

Esse tipo de observação é muito semelhante à forma como um arqueólogo trabalha, quer ver? Quando o arqueólogo está trabalhando em campo, ele encontra um caquinho aqui, um pedacinho de azulejo ali, e começa a investigar esses elementos. A partir daí, começa a se questionar: "De que época esse fragmento é?", "De que objeto ele fazia parte?", "Tem pigmento de tinta aqui?", "Algum desenho ou material que podemos identificar?".

Depois, ele reúne esse fragmento com outros fragmentos relacionados. É a partir desse quebra-cabeça que ele infere sobre o passado e chega a conclusões (ou suposições) como: "Com base no que escavamos aqui, essa região, no século XVII, foi habitada por nobres europeus, provavelmente da região dos países baixos. Aqui nesse espaço havia um palácio, com seis quartos, uma cozinha e um banheiro. Esse palácio pertencia à monarquia tal, que tinha os hábitos x, y e z". E por aí vai!

O pensador de futuros faz a mesma coisa, mas, em vez de olhar para o passado, olha para o futuro. Ele encontra pequenos fragmentos de futuros no presente. Analisa, combina fragmentos relacionados e faz inferências. Esses fragmentos são o que chamamos de sinais. Mas o que são sinais na perspectiva do estudo de futuros?

Segundo o Institute For The Future (IFTF), um sinal é uma indicação do que pode vir a acontecer no futuro. Esses sinais podem ser pequenas inovações que têm o potencial de crescer exponencialmente, novos produtos, estratégias ou tecnologias que chamam a atenção e estimulam a imaginação. E eles podem ser facilmente identificados se as pessoas estiverem atentas às mudanças no presente que podem influenciar o futuro.

Praticamente, qualquer coisa pode ser um sinal de futuros. Usando a Lente da Multisensorialidade, costumamos olhar com muita atenção para os sinais que aparecem no campo das artes, pois as manifestações artísticas muitas vezes unem diversas expressões do *Zeitgeist*, trazendo pistas importantes de questões que estão sendo transformadas. Ideias, comportamentos e tendências que estão fora do radar da maioria das pessoas podem ser evidências sutis, porém poderosas, de que algo se torna obsoleto ou de que algo novo emerge.

Sinais verdadeiros nos fazem parar e pensar sobre as possibilidades que eles representam e como podem se desdobrar no futuro. "Será que esse tipo de experiência vai se tornar *mainstream*?", "Será que essa nova tecnologia vai ganhar escala global?", "Será que esse novo gênero musical indica uma

mudança no espírito do tempo?", "Será que esse fio que viralizou nas redes sociais indica um novo tipo de comportamento que tem ganhado força?". Essas são algumas das perguntas que os sinais costumam nos provocar.

O conceito de sinais é fundamental tanto no campo de estudo e conceituação acadêmica de *foresight* quanto no campo da administração e ciências humanas e sociais. Neste âmbito, se faz a distinção entre sinais fortes e fracos, dependendo de sua disseminação.

Segundo Janissek Muniz e Lesca, em "Inteligência, estratégica, antecipativa e coletiva", os sinais fracos são uma espécie de metáfora, que se revela interessante pela sua orientação na direção da antecipação, são os primeiros sintomas de uma descontinuidade estratégica que representam indícios de possíveis mudanças no futuro. Quanto mais a gente tenta especular sobre o que virá, quanto mais distante é o horizonte de tempo, mais fracos se tornam os sinais e fica mais difícil entender como ele pode se desdobrar no futuro. Sinais fracos são sinais de mudança que, por serem ainda muito emergentes, são difíceis de identificar, bem como de mensurar seu impacto.

Às vezes a gente nem sente muita firmeza se aquilo é indício de algo. Mas lembra quando falamos de navegar na incerteza? Para pesquisar sinais isso é fundamental porque, com frequência, é até difícil explicar porque sentimos que algo é um sinal sobre o futuro. Nesta hora, você pode e deve colocar a lente da visão sistêmica para ver os desdobramentos de cada sinal e confiar na inteligência da sua intuição de que um sinal fraco pode indicar algo importante no futuro e especular sobre isso.

Por isso, aqui nosso intuito é menos fazer a distinção entre o que é um sinal forte ou fraco e sim **despertar o arqueólogo de futuros que vive dentro de você**, para que você passe a escanear a realidade com essa nova habilidade: a de capturar sinais de futuros no aqui e agora. Ser capaz de olhar para a sua realidade mais próxima e identificar esses caquinhos no seu presente é uma habilidade absolutamente fundamental para podermos reimaginar!

narrativas emergentes

Se você vive no planeta Terra, já se ligou que estamos em uma era de dinâmicas culturais intensas e complexas. Em outras palavras, todo mundo opina sobre tudo e é difícil saber em quem acreditar. A noção de que estamos vivendo uma aceleração do tempo é o centro de múltiplas narrativas que são geradas e remixadas em espaços *online*. Um fenômeno totalmente novo, em um território que requer sensibilidade (e atenção). Questões sociopolíticas acaloradas, que vão de saúde mental, diversidade, equidade e inclusão até a crise climática e guerras, nos levam o tempo todo a polêmicas e ao cancelamento, formando narrativas e contra-narrativas que impactam no imaginário e, consequentemente, em sinais de futuro também.

E o que é a polarização, senão uma guerra de narrativas? São diferentes histórias sobre o mundo batalhando por espaço. A filosofia da história linguístico-narrativista, representada por autores como **Hayden White, Roland Barthes** e **Louis Mink**, considera a linguagem como um construto complexo que influencia a forma como a história é escrita e desenvolvida. Essa abordagem enfatiza a importância da narrativa na construção do passado, utilizando recursos literários para dar significado às fontes históricas.

Isso inclui a sobrevivência do passado por meio da leitura e conhecimento das fontes, enfatizando as características positivas da subjetividade humana para tal sobrevivência.

E aí perguntamos: para quais narrativas e para quais novas histórias queremos dar espaço? Quais estão emergindo, quais ganham e quais perdem força no imaginário cultural? Enxergar padrões entre os sinais de futuros e conectar esses sinais a um contexto histórico nos ajuda a entender padrões de mudança.

Claro que nós podemos analisar sinais individualmente e especular sobre possibilidades futuras indicadas por eles, mas quando estabelecemos conexões entre os sinais, conseguimos ter mais clareza quais movimentos estão se formando, ou seja, quais são as histórias que emergem no imaginário coletivo.

Um mesmo acontecimento pode ser contado de diversas formas. Costumávamos dizer que a história que a gente aprendia na escola era a versão do vencedor. A saber, na América Latina, do europeu branco cristão e colonizador. Hoje, as tecnologias, os novos saberes e as confluências de linguagens nos mostram que a visão dos povos originários sobre a "descoberta" das Américas é bastante diversa do que se ensinava nas escolas há até duas décadas. Há múltiplas narrativas – e isto é positivo.

Por outro lado, um evento como a grande enchente que assolou o estado do Rio Grande do Sul, em maio de 2024, foi contado por diversas vozes, com diferentes graus de reverberação. O poder público – ele mesmo não uníssono – esquiva-se de suas responsabilidades; os cientistas e os ativistas discordam veementemente; a mídia tenta fazer seu papel teoricamente imparcial; e, por fim, oportunistas e também gente bem intencionada de toda ordem surgem apontando dedos, criando heróis e falando o que bem querem em suas redes sociais.

Na White Rabbit temos uma abordagem autoral para identificar esses movimentos e mudanças, que passa por entender quais são as narrativas emergentes sobre um tema que estamos investigando.

Mas o que seria uma narrativa emergente? Para colocar isso em prática, gostamos de usar uma metáfora em que "sinais de futuros" são como "estrelas". Quando olhamos para o céu estrelado, vemos esse grande conjunto que nos impacta pela sua vastidão. É como o impacto de olhar para movimentos na sociedade, em que vemos um emaranhamento de tudo e nem temos clareza logo de cara se o que estamos olhando é um sinal ou não.

Então, para decodificar o que estamos vislumbrando, são necessárias algumas ferramentas. Assim como algumas estrelas, alguns sinais são mais fáceis de enxergar, como os sinais fortes. Outras estrelas já são mais difíceis – só em um dia em um céu mais límpido conseguimos vê-las. Elas seriam como os sinais fracos.

E como podemos contar histórias sobre a vastidão das estrelas? Nós agrupamos as estrelas em constelações. Desenhamos uma linha em torno de um conjunto de estrelas e damos um nome para esse conjunto. É assim que identificamos nossas narrativas emergentes. E, assim como as constelações, elas nos ajudam a nos localizarmos no espaço e no tempo e utilizar o poder das histórias.

Quando agrupamos sinais de futuros em uma forma que se consiga assimilar, temos a chance de criar *insights*, análises e cenários para nos guiar, mesmo que de forma aproximada. Porque quando temos uma direção a seguir, é mais fácil tomar decisões.

É importante lembrar que nosso campo de visão do céu é sempre limitado pela nossa localização geográfica ou pela condição meteorológica do momento, por exemplo. O que faz com que algumas estrelas estejam visíveis pra gente e outras não. Da mesma forma, quando fazemos uma pesquisa de sinais e os agrupamos em uma história que faça sentido, nós somos limitados também por alguns fatores, como nossos vieses, nosso conhecimento, a quais informações temos acesso e nossa própria subjetividade.

Quer um exemplo? Um mesmo grupo de estrelas visível pode ser interpretado de formas diferentes por diferentes povos. Enquanto na Babilônia identificaram nesse grupo de estrelas a imagem de um escorpião, aqui no Brasil alguns povos indígenas observaram esse mesmo conjunto e viram ali o boitatá, que é uma serpente de fogo presente nas suas mitologias.

Em resumo: a partir do local onde estamos, de quem somos e como existimos, fazemos um determinado recorte. Mas também com base na nossa história, na cultura em que estamos inseridos e no nosso conhecimento atual. Somos como curadores de estrelas, ou, melhor, **curadores de sinais**, e é por isso que múltiplas narrativas coexistem.

Na White Rabbit, analisamos os sinais sob a perspectiva de narrativa emergente porque, diferente das tendências (que muitas vezes são mais "taxativas" e direcionadas para mercados ou públicos específicos), as narrativas apenas propõe diferentes formas de se interpretar este céu tão vasto, sem presumir que esta seja uma visão universal, correta e certeira.

Mais do que isso, quando estamos trabalhando na esfera da Reimaginação Radical, as narrativas que nos interessam mapear são as que representam histórias e visões sobre o futuro como alternativas às dominantes. O que estamos querendo dizer? Enquanto muitas inovações, sinais, tendências e ideias podem parecer novas e disruptivas, em sua maioria elas não desafiam formas preestabelecidas de se ver o mundo e de se fazer as coisas. Ou seja: se fizermos uma análise do iceberg sobre elas – olhando mais profundamente para além da pequena ponta superficial e visível –, veremos que as estruturas nas quais se baseiam são as mesmas de sempre.

"As histórias são a personificação de uma organização. Quando processos e regras são a força motriz, a organização assume a metáfora de uma máquina, sem vida e inanimada. Os seres humanos são orgânicos – estamos vivendo, respirando e muitas vezes confusos. Incorporamos histórias de triunfo e sucesso, vergonha e derrota, amor e perda. Quando as histórias estão na frente e no centro, a organização se torna uma entidade viva composta de pessoas, em vez de uma máquina cheia de engrenagens e engrenagens. Nós simpatizamos com o que está vivo, transferindo experiências para que possamos sentir o que os outros sentem. Dessa forma, as histórias nos ajudam a sincronizar nossa atividade, o que mais se aproxima de desenvolver uma 'mente de colmeia' dentro das organizações."

— Frank W. Spencer IV, futurista, fundador da The Future School (TFSX)

Quando contamos histórias, geramos uma base comum de entendimento que é muito útil. Por isso, nossos estudos de futuros têm essa perspectiva: muito mais que um amontoado de dados, contamos uma narrativa que vemos emergir na vastidão dos sinais que o mundo de hoje nos apresenta.

Nossos valores, ideias e instituições não são inerentemente ruins ou inúteis. Mas precisamos ir além, utilizando uma perspectiva evolutiva e não de substituição. A partir de uma visão de integração, de perceber o que funcionou ou não funcionou na narrativa anterior e, a partir disso, evoluir esses conceitos. É sobre abrir espaço (lembra?) para que outras narrativas também possam ser ouvidas, sem desconsiderar tudo que a narrativa vigente nos ajudou a construir de positivo até agora.

Se as estrelas fizeram você se sentir inspirado a contar suas próprias histórias de futuros, que tal colocar em prática essa habilidade de fazer conexões entre sinais?

Convidamos você a anotar em cada uma das estrelas da página ao lado os sinais de futuro sobre algum tópico que esteja na sua mente.

E onde podemos encontrar sinais de futuros? Em toda nossa volta, no nosso dia a dia. Não é exagero dizer que tudo pode ser um sinal, e se atingirmos nosso objetivo aqui neste livro, você vai ficar vendo sinais em tudo mesmo. Pode ser um prato que tem saído mais na lanchonete, o que evidencia alguma mudança de preferência ou comportamento das pessoas. Ou um vídeo game novo que seu filho ou sobrinho comentou que está jogando. Uma nova peça de teatro com um tema inusitado. Um curso que te desperte a curiosidade. Podem ser sinais as coisas que você observa e escuta no seu dia a dia, notícias ou livros que você leu, artigos acadêmicos, relatórios especializados, memes, ações de marcas e empresas, novas tecnologias e patentes, manifestações culturais, coisas que influenciadores digitais que você acompanha estão dizendo...

Ou seja, tudo mesmo pode ser um sinal.

Ao final, tente dar um nome para uma narrativa que possa ser criada conectando algumas destas estrelas. Será que você consegue nomear algumas pequenas constelações? Esse espaço é livre para você começar a reimaginar...

indo na raiz: a analogia do iceberg

Não é estranho pensar que, como sociedade, manifestamos eventos incrivelmente desalinhados de nossas intenções de um mundo próspero para todos? Apesar da nossa percepção nos fazer ver as crises de forma separada, elas na verdade têm em sua origem a mesma coisa: o paradigma de pensamento vigente. Quais padrões de comportamento, estruturas, modelos mentais e estado de consciência que estão nas bases, na raiz de tudo que manifestamos coletivamente? É aqui que somos **abertamente radicais**, pois queremos ver a raiz de tudo aquilo que queremos reimaginar.

Para mergulhar mais profundo e olhar os fenômenos sociais de forma sistêmica, utilizamos a analogia do iceberg, que você já tomou um primeiro contato ali em cima – ou em outras leituras. Esse modelo é usado pela Teoria U, criada por Otto Scharmer e seus colegas no Presencing Institute do MIT. Ele parte da premissa de que apenas 10% dos icebergs são visíveis acima da água, enquanto os 90% restantes estão submersos e são invisíveis para quem observa acima do nível do mar. Segundo o modelo, todas as coisas, eventos e fenômenos observáveis na nossa sociedade representam essa parte visível do iceberg.

Mas o que está sob a água sustentando essa parte visível? De acordo com a Teoria U, são os padrões de comportamento, estruturas sistêmicas e modelos mentais, ou seja, tudo que dá sustentação ao nosso modo de viver, pensar e existir. Eles estruturam sociedade, construção de crenças, valores e acordos coletivos.

Entender sobre quais pressupostos estamos construindo nossa visão de futuros e questionar esses pressupostos é premissa para a reimaginação. Que tal reservar alguns minutos para praticar essa visão além do alcance? Reimaginar sem mapear a parte submersa do iceberg é ter o mesmo destino do Titanic: sua ideia ou projeto vai acabar afundando porque só considerou a pontinha do fenômeno que quer transformar.

A ilustração do iceberg é auto explicativa, então que tal exercitar um pouco essa capacidade de ir na raiz? Escolha um assunto de seu interesse, talvez o objeto, tema ou tópico que você escolheu já reimaginar. Na parte visível da ilustração, escreva aquilo que é facilmente observável em relação a este fenômeno. Por exemplo, se vamos pensar no futuro da educação fundamental, podemos colocar no topo do iceberg a alta evasão escolar, a insatisfação crescente dos professores, pesquisas sobre a falta de eficácia no estudo ou até a forma como as crianças têm dificuldade de manter a atenção na aula. Tudo isso e muito mais são sinais facilmente observáveis.

Quando perguntamos o que está causando esses fenômenos observáveis, a resposta pode estar nos padrões, nas estruturas, nos sistemas e modelos mentais. São essas coisas que você vai mapear agora, na parte submersa do seu iceberg. Estamos falando de coisas físicas, instituições, políticas, rituais, hábitos, comportamentos, atitudes, crenças, valores que sustentam esses elementos que você identificou aqui em cima.

Estamos falando também de modelos mentais, crenças, moral, expectativas e valores que permitem que as estruturas continuem funcionando como estão. Estas são as crenças que muitas vezes aprendemos subconscientemente de nossa sociedade ou família e provavelmente não temos conhecimento.

E aí você pode ir ainda mais fundo e ver a crença na hierarquia, a falta de remuneração adequada dos professores, o machismo das instituições (visto que é uma profissão eminentemente feminina), entre outros.

Mantenha essa imagem do iceberg em mente sempre que se deparar com algo que quer reimaginar. Lembre-se de que o que você está observando é apenas 10% do que sustenta aquela realidade. Dessa forma, você será capaz de ir na raiz, o que exigirá um esforço inicial maior, mas nos libertará da estagnação imaginativa, já que nos dá a clareza de endereçar as verdadeiras razões que mantêm as coisas como estão e que nos permitirá começar a reimaginar.

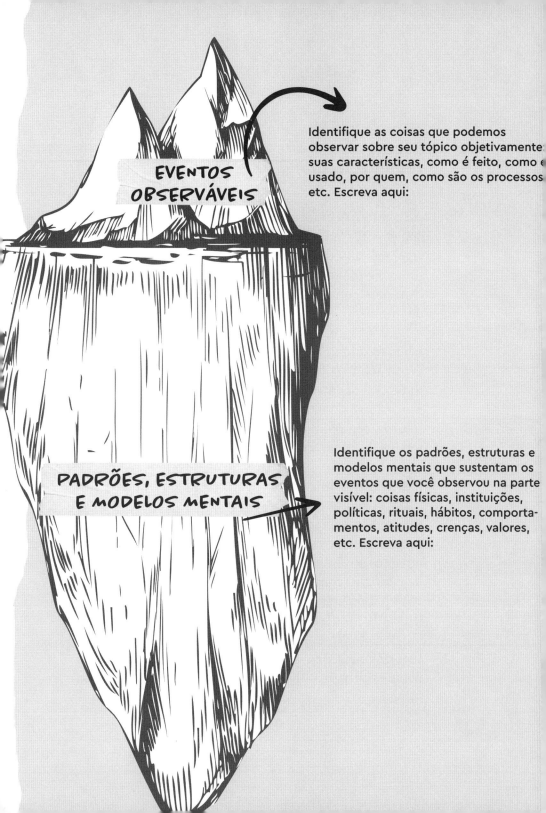

Então, recapitulando:

Até agora você já foi conduzido por um passeio um tanto apavorante com o resumo das crises simultâneas em que vivemos, já pôde refletir sobre suas próprias imagens de futuros e foi corajoso o suficiente para adentrar alguns conceitos importantes que dão base para o pensamento de futuros.

É hora de mergulhar mais fundo na toca do coelho e conversar sobre o que representa na prática a Reimaginação Radical. Por intermédio da metáfora das lentes queremos não só aumentar seu repertório sobre imagens de futuros, como também te incentivar a ter a flexibilidade mental que uma troca de lentes pode nos proporcionar.

Dedicaremos um tempo agora para cada uma destas lentes. Lembre-se que só de você ter aberto o espaço para a Reimaginação Radical em sua mente, você já está sistemicamente contribuindo para ir na raiz da crise da imaginação. Este é um bom momento para compartilhar *insights* com alguém que também compartilha com você a inquietação de viver futuros desejáveis. Usar as lentes da Reimaginação Radical é um exercício que se faz no coletivo e quanto mais você compartilhar sobre suas inquietações, mais camadas de aprendizagem e desaprendizagem vão sendo reveladas até o final dessa jornada.

Atravesse
o espelho

No filme "Alice através do Espelho" – adaptação de Tim Burton para o clássico de Lewis Carroll – Alice é uma viajante do tempo, veja só! Para retornar ao país das maravilhas, ela segue Absolem – a lagarta agora em fase de borboleta – e atravessa um espelho. Do outro lado deste espelho, acontece uma jornada por passado, presente e futuro em uma dimensão alternativa. Para você que quer se aprofundar em algumas das ideias que trazemos neste livro, temos um presente especial: o capítulo "Atravesse o Espelho", nosso recorte de inspirações e referências que contribuíram muito de perto para que a gente pudesse desenvolver os conceitos, teorias e práticas de cada lente. Também incluímos nesta sessão alguns parceiros de nossa rede que colaboraram ativamente conosco em projetos. Vale a pena reconhecer o nosso vibrante ecossistema de inovação brasileiro e ver o tanto de gente que já está trabalhando para os futuros que desejamos viver.

Cada indicação vem com um pequeno textinho para incentivar você a abrir todas essas abas e expandir seu repertório. A cada capítulo, fica o convite de você dar um pulinho no final do livro e conferir o que está do outro lado do espelho esperando pra ser descoberto por você.

⇨ QUER USAR A CAIXINHA DE FERRAMENTAS COM MAIS FLUÊNCIA?
DÁ UM PULINHO NA PÁGINA 260 PARA CONFERIR A CURADORIA DESTE CAPÍTULO.

capítulo 4

Lente da Ousadia

"*QUALQUER SUPOSIÇÃO ÚTIL SOBRE O FUTURO* **DEVE PARECER, À PRIMEIRA VISTA, RIDÍCULA.**"

Jim Dator

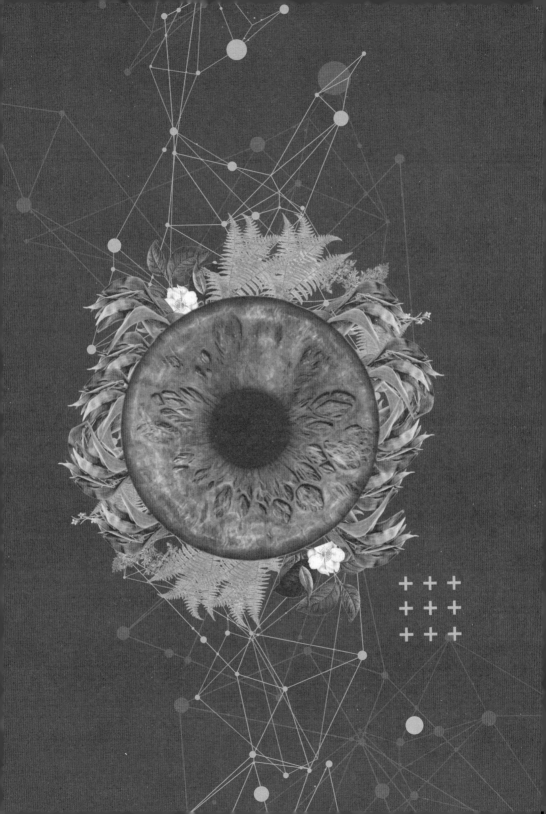

Chegou o dia que você sempre desejou! Hoje, em vez de mandar você ser obediente, ficar quietinho e prestar atenção, vamos convidá-lo a ser desobediente. Que tal?

A Lente da Ousadia nos fala que se quisermos imaginar algo **realmente** novo, um toque de rebeldia é fundamental. Como seremos capazes de vislumbrar futuros que queremos viver se não conseguirmos abrir espaços para algo diferente do que está posto?

Essa rebeldia é a mesma que a Alice tem quando decide seguir o coelho e entrar no buraco, mesmo sabendo que não cabe lá. Ela desafiou sua realidade e foi recompensada com a descoberta de um mundo completamente diferente.

Mas o que é a ousadia? O que nossos códigos culturais vigentes nos reforçam como sendo a imagem de uma pessoa ou ideia ousada? Muitas vezes, quando trazemos a palavra ousadia para uma discussão, percebemos surgir emoções como rejeição e fascínio ao mesmo tempo. Fascínio, pois a ousadia é o atributo da coragem e muitos de nós queremos estar alinhados com esse valor. Porém a rejeição também está presente de forma contundente, pois a palavra ousadia pode carregar imagens de agressividade, falta de respeito com o entorno ou com o que veio antes, e até atitudes um tanto autoritárias e individualistas.

No discurso importado do Vale do Silício que reproduzimos até hoje sobre o que é inovação nas empresas, idolatramos frequentemente figuras que foram abertamente abusivas em nome da tal ousadia. Portanto, muitas vezes a atitude ousada é refutada como algo a deixar para depois para evitar maiores problemas em um contexto de tanta exaustão e polarização como os dias de hoje. Então antes de dizermos o que é ousadia nas lentes da Reimaginação Radical, vamos desconstruir duas ideias recorrentes no imaginário sobre o que é ousadia, especialmente no contexto da inovação e do pensamento de futuros.

Vamos trazer aqui um pouco de humor para QUESTIONAR essa imagem de ousadia que ocupa nosso imaginário. Em 2009, Will Ferrell e JJ Abrams criaram o vídeo "Cool Guys don't look at explosions" (caras descolados não olham para explosões, em tradução livre) para o MTV Movie Awards.

Neste *single* engraçadíssimo, eles fazem uma coletânea de imagens de filmes de ação de grande sucesso nas quais mostram que os personagens – normalmente protagonistas e sempre os mais descolados e ousados – explodem coisas e saem de cena andando em câmera lenta sem olhar para trás.

Repare, você já viu essa cena dezenas de vezes. O clipe da dupla fictícia mostra figuras do primeiro panteão hollywoodiano como George Clooney e Javier Bardem, passando pelos aclamados Will Smith, Mark Wahlberg e Denzel Washington, até os super heróis Homem de Ferro e Wolverine. Todos obedecem à regra enunciada na letra: "quanto mais você ignora, mais você parece descolado". A ironia torna a mensagem contundente e literal como diz a própria música: eles explodem coisas e saem andando. Até a publicação desse livro, esse vídeo já tinha mais de 51 milhões de visualizações, e a gente te recomenda assistir para dar boas risadas e desconstruir essa imagem na sua mente (o link está no final deste livro, na página 262).

Essa é uma atitude frequente no discurso sobre a inovação, especialmente no contexto de grandes empresas: ousado é aquele que chega com algo novo e passa por cima de tudo e todos para conseguir executar a sua visão. Eles não se importam com a exaustão dos seus pares, as consequências sistêmicas das decisões ou os impactos de longo prazo. Simplesmente "fazem acontecer".

Nós mesmos temos essa imagem fictícia gravada no nosso inconsciente. O CEO que é líder, capa de revista, que, através de pura força de vontade e talento inato, supera todos os obstáculos e se ergue acima dos outros. Essa figura mitológica carrega o peso do mundo nos ombros, tomando decisões sozinho, liderando com firmeza e acreditando que a vitória final está em suas mãos. Ele salva o mundo, ou melhor, a CORP S/A, mas faz isso à sua maneira – desconsiderando os outros como meros espectadores de sua grandiosa jornada. Essa visão glorifica a individualidade e a competição, exaltando a ideia de que, para vencer, é preciso ser o mais forte, o mais resiliente, o único: a ousadia é individual – eu contra todos.

Essa era a narrativa do herói corporativo: o CEO que constrói impérios a partir do "nada", simbolizando a culminação do sonho de carreira ousada. Um ideal que cativou o imaginário coletivo e criou uma legião de seguidores acreditando que sucesso verdadeiro é sinônimo de isolamento triunfante.

Uau, quanta coragem e ousadia. Será? Não é por acaso que tantas ideias ou projetos que chegam com essa atitude não veem a luz do dia. Também não é por acaso que as pessoas fiquem estressadas ao pensar em fazer algo ousado. Surge, automaticamente, uma fricção entre quem clama pela coisa ousada e quem quer tentar ponderar ou trazer uma atitude reflexiva, com o risco da segunda ser vista como "antagonista da ousadia", alguém sem coragem para "inovar". E ninguém quer ser o antiquado da história. Será mesmo que essa atitude de "chegar chegando", com ideias supostamente incríveis e que vão salvar o dia, explodindo tudo o que veio antes ou desconsiderando o entorno, é a melhor expressão do atributo da coragem e da ousadia?

O que antes era visto como força – a habilidade de fazer sozinho – agora parece ser uma limitação. Emergimos em uma era onde os desafios que enfrentamos são interconectados, complexos e globais. O novo líder não veste mais a capa do salvador solitário, mas sim de um orquestrador de redes, um colaborador que entende que nenhum humano constrói nada sozinho. A narrativa atual é sobre interdependência, sobre liderar com e para os outros. Líder ecossistêmico será aquele que enxerga valor nas relações, nos sistemas e no impacto coletivo. Suas conquistas são construídas em conjunto, com parceiros, equipes e comunidades que se unem para cocriar soluções, transcender egos e criar algo maior do que qualquer indivíduo poderia alcançar.

Essa forma anacrônica de pensar e agir de forma individual se manifesta claramente quando estamos falando de inovação tecnológica. Cada nova

"A PRÓXIMA GRANDE COISA", NO JARGÃO EM INGLÊS

tecnologia chega chegando e se posiciona com o jargão do "The Next Big Thing". Só que ninguém para de utilizar o vinil porque falamos mal do vinil, porque não o achamos prático ou porque criticamos a qualidade do som. Paramos de usar porque ele simplesmente pára de ser um produto comercial viável e some de circulação. E aí o vinil é substituído rapidamente pelo CD, que vive o mesmo processo com o iPod, levando inexoravelmente ao *streaming* (em serviços como Spotify, Deezer, YouTube, Apple Music e tantos outros) e a forma disruptiva (não necessariamente no melhor sentido) que consumimos música hoje.

Perceba que cada inovação tecnológica parece fazer exatamente o que os caras descolados faziam com as explosões: ignorar solenemente o estado das coisas, para ser adotada caoticamente pelas massas, movidas principalmente pela conveniência. No final, tanto o fabricante dos discos de vinil quanto o artista da periferia precisam se adaptar e "seguir em frente".

É bem provável que vamos testemunhar esse *cosplay* de ousadia nos próximos anos de forma intensa na corrida da inteligência artificial. Graças à popularização e ao uso massivo de ferramentas disponibilizadas gratuitamente, como o Chat GPT da Open AI, o Gemini, do Google, ou o Claude, da Anthropic, a Inteligência Artificial, que antes estava classificada mentalmente pela maior parte das pessoas como "essa é uma questão remota para um futuro distante", aterrissou na aba "uma preocupação de impactos imediatos em praticamente todos os aspectos de nossas vidas". Do nicho para o *mainstream*. Sem olhar pra trás.

Não vamos nos ater a essas consequências aqui (quem sabe em um próximo livro?), nosso ponto é desafiar essa noção de ousadia. Queremos desconstruir a ideia de OUSADIA como "a mais nova traquitana tecnológica aplicada imediatamente". Quem nunca se rendeu a essa ideia, de que estar conectado com o futuro e ser ousado é estar mergulhado na mais nova moda tecnológica? Basta olhar para a forma como os líderes das empresas chamadas "big techs" se apresentam como o baluarte da inovação e da ousadia, sempre exaltando a forma como desconsideram qualquer restrição ou contexto vigente para chegar com sua tecnologia (adivinhe o quê?) disruptiva.

Além de criarmos um "museu de grandes novidades", a obsessão de tratar ideias ousadas como sinônimo de uso de tecnologias recém lançadas, faz com que a gente crie uma espécie de futuro que é o inverso do que desejamos com o avanço tecnológico. Criamos no século XXI uma situação que beira o surreal onde Inteligências Artificiais pintam, escrevem poesia e criam músicas enquanto milhões de seres humanos trabalham em empregos sem saída e com salários de subsistência. Ai ai ai... onde foi que erramos?

Bom, se olhar para o futuro com as lentes da ousadia não é nem explodir tudo sem olhar para trás e nem chegar com a tecnologia do momento, qual o caminho? O que consideramos como ousadia na abordagem da Reimaginação Radical? Como podemos resgatar a essência da palavra OUSADIA, o atributo dos corajosos?

É bem mais simples do que parece: você está olhando para o seu grande aliado agora mesmo: ele, o astro da ousadia, o muso das ideias realmente inovadoras, o campeão, o expert em abrir mentes contaminadas pela Crise da Imaginação. Estamos falando dele, O PONTO DE INTERROGAÇÃO.

Nós acreditamos que ousadia passa por fazer as melhores perguntas e que ser inovador é questionar. Ousadia é a qualidade da coragem e não há nada mais corajoso nos dias de hoje do que saber fazer perguntas, lidar com incertezas, questionar verdades absolutas e apontar os absurdos. Se você se debruçar sobre as mais diversas técnicas do pensamento de futuros, vai reparar que elas estão calcadas em práticas de saber fazer perguntas. É absolutamente razoável imaginar que toda inovação relevante começa com uma boa pergunta, um excelente "por que?", uma hipótese que alguém ousou formular. Muito já se disse sobre a coragem de QUESTIONAR como a grande faísca que deu o combustível não para explodir coisas, mas sim para gerar a energia necessária para a transformação.

"QUESTÕES DE QUALIDADE CRIAM UMA VIDA DE QUALIDADE. AS PESSOAS DE SUCESSO FAZEM PERGUNTAS MELHORES E, COMO RESULTADO, OBTÊM MELHORES RESPOSTAS."
TONY ROBBINS
ESCRITOR

"UMA PERGUNTA PRUDENTE É METADE DA SABEDORIA."
FRANCIS BACON
FILÓSOFO

"PERGUNTAS QUE VOCÊ NÃO PODE RESPONDER SÃO GERALMENTE MUITO MELHORES PARA VOCÊ DO QUE RESPOSTAS QUE VOCÊ NÃO PODE QUESTIONAR."
YUVAL HARARI
HISTORIADOR

"EM MATEMÁTICA, A ARTE DE FAZER PERGUNTAS É MAIS VALIOSA DO QUE RESPONDER PROBLEMAS."
GEORG CANTOR
MATEMÁTICO

"JULGUE UM HOMEM POR SUAS PERGUNTAS, E NÃO POR SUAS RESPOSTAS."
VOLTAIRE
FILÓSOFO

"COPÉRNICO, GALILEU E KEPLER NÃO RESOLVERAM UM PROBLEMA ANTIGO, MAS FIZERAM UMA NOVA PERGUNTA. E AO FAZÊ-LO, MUDARAM TODA A BASE SOBRE A QUAL AS VELHAS PERGUNTAS HAVIAM SIDO FORMULADAS."
SIR KEN ROBINSON
EDUCADOR

"O CIENTISTA NÃO É UMA PESSOA QUE DÁ AS RESPOSTAS CERTAS, É AQUELE QUE FAZ AS PERGUNTAS CERTAS."
CLAUDE LEVI-STRAUSS
ANTROPÓLOGO

"ESTAMOS MUITO FASCINADOS COM AS RESPOSTAS HOJE EM DIA? TEMOS MEDO DE PERGUNTAS, ESPECIALMENTE AQUELAS QUE DEMORAM DEMAIS?"
STUART FIRESTEIN
BIÓLOGO

E o mais incrível é que o poder do ponto de interrogação vale tanto para as grandes questões da humanidade como também para destravar aquela reunião que era para ser uma "chuva de ideias" e se transformou em um palco de monólogos alternados que todos sabem que não vai levar a lugar algum. Conforme o mundo se torna mais complexo, vamos entendendo que fazer perguntas é uma ação extremamente ousada e construtiva.

Fazer perguntas nos permite perceber novas possibilidades. Além disso, criam um ambiente seguro para o diálogo, pois nos colocam no lugar de quem quer aprender, de quem quer ouvir. O trabalho do pesquisador de cenários futuros consiste em perguntar o tempo todo. Fazer boas perguntas é uma habilidade que pode ser desenvolvida. Muitas vezes quando queremos trazer ideias realmente inovadoras, o famoso "pensar fora da caixa" – que é tão falado e pouco praticado nas organizações neste início do século XXI – a única forma realmente possível é através de perguntas. Por que esse processo produtivo ainda é feito desta forma? Como podemos melhorar isto? E se nos inspirássemos na natureza para buscar soluções para este problema?

Boas perguntas nos libertam para imaginar e questionar visões de futuros que a gente já tem solidificadas. Infelizmente a maioria de nós trancou o seu **eu questionador** lá na primeira infância, pois enquanto crescemos, o tempo todo recebemos mensagens que nos dizem que perguntar é inconveniente, questionar é perda de tempo ou que ter dúvidas é sinal de fraqueza. Culturalmente, somos criados para demonstrar o tempo todo as coisas que nós sabemos e esconder o que não sabemos. O que queremos aqui é ficar confortáveis no espaço desconfortável da incerteza, já que é a partir daí que podemos questionar o *status quo*. Frente aos mais diversos desafios de inovação, a capacidade de questionar nos permite ABRIR ESPAÇOS mentais para as verdadeiras questões, aquelas que estão lá na raiz e que jamais veriam a luz do dia em formato de afirmação.

Isso sem falar na nossa própria experiência como pesquisadoras, pois muitas vezes as pessoas têm a expectativa de que os estudos de futuros tragam respostas sobre como será o amanhã. E foi de tanto categoricamente afirmar que as perguntas bem formuladas são mais importantes que as respostas que nasceu o QUESTIONE O FUTURO – um *workshop* autoral da White Rabbit onde temos a ousadia de propor que as pessoas trabalhem, conversem e criem somente com perguntas.

Porém, entendemos que não é ao sair fazendo qualquer pergunta que vamos ajudar a ousar e a vislumbrar futuros. É preciso saber fazer boas perguntas e ter um método para fazer isso coletivamente. E foi buscando compreender o que seriam boas perguntas no contexto de pensamento de futuros que conhecemos o livro "Uma pergunta mais bonita". Escrito pelo jornalista e especialista em inovação Warren Berger, este livro trata da importância de fazer perguntas e entender como elas podem levar a novas descobertas e inovações. Não à toa, essa obra foi a base conceitual que nos inspirou na metodologia QUESTIONE O FUTURO.

Até a publicação deste livro, já facilitamos dezenas de *workshops* e geramos milhares de perguntas e hipóteses em reuniões de planejamento anual ou grandes palcos em festivais de inovação utilizando o QUESTIONE O FUTURO. E descobrimos duas coisas com essas experiências:

1. as pessoas ficam muito felizes quando perguntam. A atitude muda. O diálogo ganha espaço.

2. o poder do coletivo é imenso. Muitas vezes, a pergunta absurda ou engraçada de alguém é a mesma que é capaz de fazer o outro pensar. Ao contemplar as perguntas feitas no grupo, vislumbramos a mente coletiva e isso nos encoraja a ir além em nossas visões de futuros.

O QUESTIONE O FUTURO parte da premissa de aprender a fazer boas perguntas. Mas, que seria uma boa pergunta? Segundo Berger, "uma boa pergunta é uma pergunta ambiciosa, porém passível de ação, que pode começar a mudar a maneira como percebemos ou pensamos em algo – e que pode servir como um catalisador para provocar mudanças".

Claro que é um conceito aberto, porém fica fácil de compreender quando estamos diante de uma pergunta que não contempla essas qualidades, quer ver? Basta exemplificar com a pergunta tão disseminada quando se endereça a crise climática: "Ainda dá tempo de salvar o mundo?" Essa é uma típica pergunta mal formulada para o pensamento de futuros, pois não delimita o objeto em si do questionamento (o que seria salvar o mundo?), enviesa respostas, polariza, não abre possibilidades de diálogos concretos e é claramente fatalista ao ser formulada a partir da palavra "ainda".

E como podemos aprender a fazer boas perguntas? Praticando, ora! Normalmente contextualizamos o exercício do QUESTIONE O FUTURO a partir de um tema que esteja sendo trabalhado, seja o Futuro dos Alimentos ou a Resiliência Climática, a massificação da Inteligência Artificial ou o Futuro das Mídias Sociais. Aqui estimulamos você a pensar no objeto que quer reimaginar ou algo que mobilize você. Para praticar, utilizamos três tipos de perguntas: **"Por quê?"**, **"Como?"** e **"E se?"**. Cada tipo de pergunta possui um objetivo diferente e muda completamente a forma como nosso cérebro abre possibilidades.

POR QUÊ?
As perguntas de "por quê?" nos ajudam a questionar o *status quo*. Elas recusam a realidade existente, nos provocando a entender os motivos por trás das coisas e nos inspirando a inovar. As perguntas de "por quê?" podem ser muito desconcertante, pois tendem a ser radicais, ou seja, elas vão na raiz. Aliás, você vai perceber que muitas das perguntas que começam com "por quê?" se assemelham ao exercício do Iceberg, que tem, justamente, esse papel questionador.

COMO?
Este tipo de pergunta leva a transformação de uma ideia a um conceito prático e oferece pistas de que ações devemos tomar ou evitar para construir futuros desejáveis. As perguntas de "como?" contêm em si a mágica da execução. Quando começamos a pergunta com "como?", já estamos direcionando nossa energia criativa para a resolução de problemas.

E SE?
Pertencem ao grupo de perguntas que permitem vislumbrar possibilidades sem levar em conta a praticidade, ajudando a evocar novas possibilidades e abordagens para os problemas existentes. Sempre que alguém pergunta "E se?", está abrindo uma janela de possibilidades que já ativa o gatilho da imaginação... Afinal, para gerar hipóteses, ninguém paga imposto, certo? Costumamos brincar que as perguntas de "e se?" são as típicas perguntas do cérebro futurista que já se acostumou a ver sinais em todo o lugar e pensar as narrativas que emergem dos acontecimentos em torno de si.

Que tal então substituir a fatalista "Ainda dá tempo de salvar o mundo" por uma pergunta como "Por que sentimos que o mundo está ameaçado?". Ou talvez "Como podemos preservar aquilo que consideramos importante no mundo de hoje?". Daria até para elucidar mais com um questionamento do tipo "E se a humanidade pudesse colaborar em torno de um objetivo comum, o que aconteceria?". Viu como fica muito mais construtivo?

Que tal praticar agora?

As próximas páginas são um convite para você ousar fazer as perguntas que movem seu coração sobre seu tópico de interesse.

Comece pelas perguntas de "Por quê?": por que quero fazer isso? Por que isso deveria existir? Por que deveria ser transformado? Por que tem relevância?

Segundo passo:

Como? De que forma seu projeto pode ser viabilizado? De que modo você partirá para a execução? Como operacionalizar essa ideia? Como dar vida a uma mudança de pensamento? Como começar a resolver o problema?

E sacuda o futurista que mora dentro de você fazendo o máximo de hipóteses, mesmo que sejam irreais ou impossíveis. E se esse produto fosse gratuito? E se não existisse mais combustíveis fósseis? Ou até hipóteses abertamente especulativas como "E se os animais pudessem falar, o que diriam desta ideia?" Vai lá, quanto mais hipóteses, melhor.

E se você sentir a necessidade de trazer uma perspectiva temporal para o seu desafio de Reimaginação Radical, temos as perguntas bônus que começam com "QUANDO". Muitas boas ideias são descartadas simplesmente porque não cabem no curto prazo. Basta fazer perguntas de "Quando" para iluminar este aspecto. "Quanto tempo levará para que você possa colocar isso no mundo?"

SEU TÓPICO FOCAL

PERGUNTAS DE
POR QUÊ?

POR QUE
POR QUE
POR QUE
POR QUE
POR QUE
POR QUE
POR QUE
POR QUE
POR QUE
POR QUE
POR QUE
POR QUE
POR QUE
POR QUE
POR QUE
POR QUE
POR QUE
POR QUE

PERGUNTAS DE
COMO?

Como
Como
Como
Como
Como
Como
Como
Como
Como
Como
Como
Como
Como
Como
Como
Como
Como
Como

PERGUNTAS DE
E SE?

E SE
E SE
E SE
E SE
E SE
E SE
E SE
E SE
E SE
E SE
E SE
E SE
E SE
E SE
E SE
E SE
E SE
E SE

PERGUNTAS DE
QUANDO?

QUANDO
QUANDO
QUANDO
QUANDO
QUANDO
QUANDO
QUANDO
QUANDO
QUANDO
QUANDO
QUANDO
QUANDO
QUANDO
QUANDO
QUANDO
QUANDO
QUANDO

Utilize o poder das boas perguntas sempre que você quiser incentivar um grupo a abrir a cabeça, pensar novas hipóteses. Convide o grupo a fazer as perguntas nas rodadas de POR QUÊ, COMO, E SE, QUANDO. É fácil, gratuito e acessível e é um grande aliado que você pode sempre praticar a lente da ousadia sobre qualquer questão que você queira reimaginar.

Viu como o ponto de interrogação é ousado demais?
Ele nos livra das certezas que muitas vezes nos bloqueiam e nos impedem de enxergar novas possibilidades. Ele nos coloca no lugar de vulnerabilidade, no lugar de aprendiz.

NOME DADO AO COMANDO FEITO PARA QUE A INTELIGÊNCIA ARTIFICIAL RETORNE UM RESULTADO.

Nas últimas edições do QUESTIONE O FUTURO, adicionamos um pequeno exercício criativo com a ajuda de Inteligência Artificial. Geramos um *prompt* pedindo para consolidar as perguntas feitas pelo grupo em uma perspectiva de cenário desejável, gerando um parágrafo-resumo, uma espécie de manifesto daquele grupo (obviamente uma versão a partir de um *prompt* com determinadas características pensadas anteriormente). As possibilidades que emergem de interações qualificadas nos fazem acreditar que as perguntas são realmente uma grande faísca para o pensamento ousado e divergente.

As perguntas nos ajudam a dialogar com tranquilidade, sem violência e de forma construtiva. Mas a parte difícil vem agora: precisamos FICAR COM AS PERGUNTAS. Não há respostas fáceis para a permacrise e é preciso resiliência emocional para ser capaz de sustentar uma pergunta sem resposta. Aliás, não foram perguntas sem resposta que motivaram grandes invenções e animaram as mentes ousadas que amamos admirar? Agora que você está devidamente equipado com as lentes da ousadia, acredite que você é capaz de QUESTIONAR O FUTURO em qualquer lugar em que estiver.

⇨ QUER USAR A LENTE DA OUSADIA COM MAIS FLUÊNCIA?
DÁ UM PULINHO NA PÁGINA 262 PARA CONFERIR A CURADORIA DESTE CAPÍTULO.

135

capítulo 5

Lente Pluriversal

> "**JUNTOS,** *POVO DA FLORESTA, POVO DA CIDADE.*"
> **Davi Kopenawa**

> "*A TERRA É O LUGAR ONDE NOS* **ENCONTRAMOS.**"
> **Lua Couto**

A gente está aqui desde o começo falando de futuro, futuro, futuro... Opa, na verdade nós não falamos de futuro nenhuma vez, você percebeu? Sério, é que talvez você não tenha notado que desde o começo do livro nós usamos a palavra futuro no plural!

Acreditamos que essa é a melhor forma de expressar a ideia de que o futuro não é singular ou uma visão única. Precisamos sempre nos manter abertos e conscientes de que o futuro é um escopo de possibilidades e plausibilidades e devemos contemplar em nosso futuro os vários futuros que coexistem nele. Porque, afinal, não importa quanto tempo a gente avance – podem ser dois, dez, cem anos no futuro – a minha realidade sempre será diferente da de outra pessoa, especialmente se ela fizer parte de outra cultura, etnia ou classe social.

A pluriversalidade consiste em reconhecer todas as perspectivas como válidas. Nesse sentido, a pluriversalidade vai além da ideia de diversidade, já que ao pensar de forma plural, não faz sentido reconhecer uma única lógica ou estrutura como "padrão". Tanto é que a pluriversalidade rejeita a própria possibilidade de universalização ou hierarquização de conhecimentos. A ideia de pluriversalidade conectada a padrões de futuros é emergente, porém seu potencial de transformação é gigantesco, pois, como afirma o semiólogo argentino Walter Mignolo, a pluriversalidade não busca "mudar o mundo" e sim mudar as crenças e a compreensão do mundo, o que poderia nos levar coletivamente a uma mudança de todas as práticas de viver e estar no mundo. E reimaginar radicalmente nossa forma de viver e estar no mundo é nossa nada humilde pretensão.

Mas o que seria este pluriverso? Trazemos aqui a voz de Sahana Chattopadhyay, futurista e pesquisadora, que afirma:

> **"Um pluriverso é um mundo onde cabem muitos mundos."**

Uma ideia tão simples e tão complexa ao mesmo tempo. Um mundo e um futuro onde existem inúmeras formas de ser, ver, sentir e saber. Sahana ainda argumenta que a pluriversalidade é o nosso estado natural (como veremos mais a fundo na Lente Sistêmica).

"É uma visão e imaginário de poder radical. No entanto, não é um conceito esotérico. Nosso mundo é pluriversal. É maravilhosamente emaranhado, abundantemente diverso e indelevelmente interligado. A visão de um pluriverso, portanto, relembra e restabelece a própria verdade da nossa existência. É baseado na Relacionalidade, Decolionialidade e Não Dualidade. E, portanto, apresenta visões alternativas para futuros possíveis emergentes. Um mundo regenerativo só pode ser pluriversal." – Sahana Chattopadhyay, no artigo "Demystifying the 'Pluriverse' as the Hegemony Unravels", tradução nossa

Se enfatizamos a coexistência e rejeitamos a ideia da universalização e a mera possibilidade de que uma visão particular de mundo possa dominar ou definir a realidade para todos, torna-se incontornável o desafio decolonial em nossas mentes.

Já citamos brevemente o pensamento decolonial, porém é até difícil expressar o quanto o consideramos importante para o pensamento de futuros. Visto que todos nós, brasileiros e latino-americanos, estamos imersos no processo histórico da colonização – que justamente tem um dos seus pilares o apagamento de visões divergentes à do colonizador – esvaziar nossas mentes do colonialismo é tarefa inerente à mera tentativa de vislumbrar futuros que não sejam apenas repetições vazias da história universalizante, da hegemonia eurocêntrica, branca ocidental.

A decolonização do pensamento é um processo que envolve a reflexão profunda e a transformação pessoal e social, para superar a influência do pensamento colonial e sua consequente "mania" de universalização. É um processo que requer reconhecer e valorizar as sabedorias ancestrais, epistemologias negras, indígenas e periféricas que foram historicamente desvalorizadas ou apagadas.

Segundo Nêgo Bispo, um importante pensador quilombola, a decolonização ainda vai além de simplesmente rejeitar conceitos e práticas coloniais. Ele propõe a abordagem do "contracolonialismo", que envolve criar novos modos de pensar e agir que se opõem ao colonialismo de forma ativa. O contracolonialismo é uma visão de mundo "afro-pindorâmica" que encontra pontos em comum entre os pensamentos e culturas dos povos originários da América e dos povos africanos.

> PINDORAMA É UMA DAS FORMAS DE REFERENCIAR O BRASIL, EM UMA EXPRESSÃO NA LÍNGUA INDÍGENA TUPI

> TERMO CRIADO PELO ESCRITOR E CRONISTA NELSON RODRIGUES PARA DESIGNAR A INFERIORIDADE EM QUE O BRASILEIRO SE COLOCA, VOLUNTARIAMENTE, EM FACE DO RESTO DO MUNDO

Ainda observamos o complexo de vira-lata como um forte componente das discussões sobre inovação no Brasil, temperado por uma lamentável dificuldade de valorizar vozes locais. Como disseram Luiz Antonio Simas e Luis Rufino em "Fogo no Mato", ao sermos "educados na lógica normativa, somos incapazes de atentar para as culturas de síncope, aquelas que subvertem ritmos, rompem constâncias, acham soluções imprevisíveis e criam maneiras imaginativas de se preencher o vazio, com corpos, vozes, cantos".

> O SUL GLOBAL É UM TERMO FREQUENTEMENTE USADO PARA IDENTIFICAR AS REGIÕES DA AMÉRICA LATINA, ÁSIA E ÁFRICA.

É fundamental reconhecer que as visões e ideias mais disseminadas de futuros – tanto distópicas quanto utópicas – têm origem predominante no Norte Global. Nós e outros pesquisadores, pensadores, ativistas, futuristas, empresários, artistas e empreendedores precisamos nos entender como parte de um ecossistema do Sul Global a criar novas categorias de pensamento e ação, que contemplem nossa história colonial, nossa formação como povos e nossos desafios específicos. Raramente nos perguntamos qual é nosso lugar nesses mundos futuros que estão sendo criados por pessoas em realidades muito diferentes das nossas. Como podemos deixar de ser coadjuvantes em futuros criados por pessoas deslocadas de nossa realidade? Que sentido faz nos auto-intitularmos como periferia se no contexto da emergência climática a Amazônia é o centro do mundo? Essa ideia, que a jornalista Eliane Brum tão bem formulou, é uma reverberação do que os povos indígenas atestam, testemunham e comprovam com suas próprias existências: a harmonização da vida no território e a manutenção da floresta em pé. É a resposta ancestral que precisamos para os futuros que queremos viver – partindo do pressuposto de que queremos manter o 'privilégio' de termos água potável, clima estável e capacidade de gerar alimentos – e a premissa de narrativas econômicas emergentes, como a bioeconomia. Isso não significa rejeitar a contribuição fundamental dos fóruns do Norte Global, bem como seu pioneirismo em muitas ideias, mas sim nos colocarmos no nosso lugar para dialogar de igual para igual.

A decolonização do pensamento é fundamental para criar espaços de diálogo e escuta atenta, acolhendo vozes divergentes do sistema hegemônico e construindo pontes entre diferentes culturas e tradições. Isso exige coragem para questionar os privilégios e desconstruir as estruturas internalizadas de pensamento sobre a temporalidade. Por isso, mesmo para quem tem anos de estudos e práticas em estudos de futuros e inovação, o pensamento decolonial e a integração da pluriversalidade é um grande desafio. Mas não desanime! Vamos te ajudar com 3 ideias bem práticas de como você pode integrar isso no seu dia a dia e fazer da Lente Pluriversal um colorido filtro para vislumbrar o rico emaranhado de possibilidades dos futuros em que queremos habitar.

1 | Reconhecimento e declaração de viés

Fazer pesquisa e mapeamento de sinais e narrativas emergentes é uma atividade de curadoria. E o que é curadoria senão um recorte deliberado da realidade com base em nossas próprias estruturas mentais?

Como já nos ensinou Djamila Ribeiro, os aspectos coletivos referentes aos grupos sociais que participamos regem as oportunidades de falas e a forma como serão interpretadas. Ou seja, uma perspectiva pluriversal não pode se pretender "neutra". Se não há neutralidade possível, pois sempre estamos sujeitos aos nossos próprios vieses e referências, é preciso sempre revelar nossas influências para dar sentido ao que estamos pensando e posicionar a nossa visão como mais uma em um mundo pluriversal.

Desconfie quando você ouvir a ideia de que "tal movimento é tendência". Sempre precisamos nos perguntar: "quem está falando e propondo essa ideia como tendência? E para quem?" Sempre que vamos apresentar um projeto de pesquisa, revelamos nossas biografias para deixar claro que estamos apenas contando uma história sobre futuros a partir do nosso lugar de fala. As narrativas emergentes que investigamos e para as quais abrimos espaço não se propõem universais, "certas" ou hegemônicas.

Por isso, propomos a você este exercício: uma declaração de reconhecimento e viés. É uma prática profunda e transformadora compreender nosso lugar no mundo, pois também é nosso lugar de potência, capacidade de mudança e esfera de influência.

Suas inspirações, referências, formação e contexto social são o "indicativo" de sua localização que podem iluminar a sua contribuição específica, situando você em sua especificidade e trazendo grandes sacadas sobre um ponto de vista criativo, único e pessoal. Se você está querendo repensar um projeto autoral seu, esse exercício é muito valioso, pois relaciona o seu ponto de partida com os desafios do iceberg que vimos anteriormente.

Leia em voz alta o seu exercício de Reconhecimento e Declaração de Viés e reflita: que contribuições únicas eu posso dar para o meu objeto de Reimaginação Radical a partir desse lugar que ocupo no mundo?

RECONHECIMENTO E DECLARAÇÃO DE
VIÉS

EU

Escreva aqui o seu nome, sua data e local de nascimento, o nome dos seus pais. Se quiser acrescentar algo de sua subjetividade, fique à vontade.

RECONHEÇO

Faça um reconhecimento a um mestre que ensinou algo importante a você ou um reconhecimento a tudo aquilo que você desconhece. Reconheça e dê visibilidade a algo que você sente que merece, como por exemplo, alguém que te inspira ou algum presente que você tenha recebido e que foi importante para a jornada que te trouxe até aqui para reimaginar o seu projeto. Reconheça algo ou alguém que foi silenciado e que você quer trazer como perspectiva pluriversal para o seu projeto de Reimaginação Radical.

DECLARO VIÉS

Escreva aqui o que você reconhece sobre sua origem, sua relação com o seu lugar, com o tempo e com o mundo. Escreva aqui as influências que você carrega, sua raça e condição social, os idiomas que fala, a sua educação formal, o lugar físico de onde você fala. Todos estes são aspectos que influenciam a sua forma de ver o mundo e reimaginar algo. Detalhe o máximo que conseguir, pois a cada camada de reconhecimento de vieses, mais perto estamos de nos libertar deles em nossa jornada de Reimaginação Radical.

2 | O PODER DO "E"

Esperamos que este livro também ajude a fazer você se enxergar na grande teia social e compreender melhor que lugar é esse que ocupa, pois tudo que você quiser reimaginar partirá das premissas de consciência que você tem a partir do seu lugar de fala e existência.

A lente pluriversal incentiva o diálogo e o respeito mútuo entre diversas cosmovisões. É um convite para compreender que nosso mundo é uma sobreposição de mundos e filosofias diferentes. É um verdadeiro antídoto para a polarização em que vivemos.

EXPRESSÃO QUE SE REFERE AO CONJUNTO DE COISAS QUE DÁ FORMA À NOSSA PERCEPÇÃO DO MUNDO, SEJA INDIVIDUAL, COLETIVA OU DE TODA UMA SOCIEDADE. SÃO AS CRENÇAS, VALORES, SENTIMENTOS E CONCEPÇÕES QUE MODELAM NOSSA PRÓPRIA COGNIÇÃO. OU SEJA, É QUASE COMO UM GRANDE FILTRO QUE TODOS NÓS TEMOS, ATRAVÉS DO QUAL ENTENDEMOS E NOS RELACIONAMOS COM A REALIDADE.

Os futuros que queremos viver contemplam a complexidade da natureza humana e, consequentemente, diversas visões de futuros diferentes coexistindo. Perceba que a lente da pluriversalidade nos ensina que o futuro não é binário, isto **OU** aquilo. Ele é isto **E** aquilo. Se o ponto de interrogação é o astro da ousadia, a letra "E" é a musa da pluriversalidade!

Mas não tenha dúvidas que para revelar o poder do "E" todos nós precisamos praticar as habilidades de escuta e empatia. Fazemos isso utilizando uma série de técnicas conversacionais, incentivando grupos a dialogar com pessoas de visões divergentes e sustentar o desconforto de não querer convencer a pessoa a mudar de ideia, e sim de criar estratégias de convivência, aceitação, respeito e diálogo. Como vamos criar visões alternativas de futuros se estamos mais preocupados em estar certos? É como diz o ditado: você quer ter razão ou ser feliz? Se você quer ser feliz reimaginando futuros em que todos queremos viver, te sugerimos uma prática muito simples e gratuita, que só requer mais três letrinhas antes do E:

"SIM, E..." é um exercício muito utilizado no teatro de improviso que sugere que um participante deve aceitar o que outro participante diz ("sim") e depois expandir essa linha de pensamento ("e..."). Para dar um exemplo simples, pense que você vai planejar uma festa com seus colegas. Você chega na reunião e propõe "vamos fazer um piquenique?". Em uma dinâmica de "SIM, E..." os seus colegas ao invés de proporem ideias em contraponto ao que você trouxe ("eu prefiro ir no karaokê"), responderão "SIM, E... vai ter karaokê!". Faça uma rodada de "SIM, E..." sempre que quiser reunir o máximo de ideias e gerar senso de pertencimento, abrindo espaço para a coexistência de todas as ideias.

Que tal praticar agora com você mesmo?

Escreva uma ideia que quer colocar em prática e faça várias rodadas de SIM, E... Veja a magia acontecer quando você simplesmente diz sim e vai adicionando visões sem tentar escolher ou excluí-las na fase imaginativa de sua ideia.

_____ (SUA IDEIA) _____

SIM E...
SIM E...
SIM E...
SIM E...
SIM E...
SIM E...
SIM E...
SIM E...
SIM E...
SIM E...
SIM E...

Perceba como sua atitude mental muda e as ideias fluem mais facilmente quando você não tenta hierarquizar ideias, simplesmente aceita sua coexistência. Assim você vai treinando seu cérebro para compreender o mundo de forma pluriversal.

TODO PONTO DE VISTA É A VISTA DE UM PONTO

No momento em que nos localizamos, reconhecemos nossas influências e vieses e admitimos o poder do "E", entendemos que usar a lente pluriversal é um filtro de eterna curiosidade por explorar perspectivas diferentes das nossas. Particularmente aqui, somos autoras mulheres, brancas, com nível de escolaridade acima da média brasileira e há muitos anos convivendo no mercado da inovação nacional e internacional, apenas para revelar um pouco do nosso exercício de reconhecimento e viés. Esse é o local de onde falamos, e não queremos de forma alguma falar por outras pessoas. Usamos nossa plataforma para amplificar as vozes historicamente silenciadas e ceder espaços para que essas vivências, sensibilidades e visões de futuro da humanidade se tornem cada vez mais proeminentes e influentes. Entender que o futuro é maior que nossa rede de referências é fundamental, pois onde existem outras vivências de mundo, existem também outras ideias de futuro. Por isso toda vez que temos a oportunidade de falar para muitas pessoas ou divulgar estudos, nos fazemos algumas perguntas para ativar a lente pluriversal:

⇨ COMO PODEMOS CONTEMPLAR CULTURAS APAGADAS, MINORIZADAS E VOZES SISTEMATICAMENTE SILENCIADAS EM NOSSAS VISÕES DE FUTUROS?

⇨ COMO AS VIVÊNCIAS DE PESSOAS QUE SÃO PARTE DE GRUPOS MINORIZADOS CRIAM E DISSEMINAM SUAS VISÕES DE FUTUROS?

⇨ COMO ESSAS SABEDORIAS PODEM NOS OFERECER PERSPECTIVAS ALTERNATIVAS E AMPLIAR NOSSO REPERTÓRIO DE IMAGENS DE FUTUROS?

A partir da OUSADIA dessas perguntas, buscamos pontos de vista normalmente não considerados e contemplados na discussão de tendências e futuros: a perspectiva indígena, a afrocentrada, a das pessoas com deficiência, a perspectiva *queer*, só para citar algumas.

As narrativas afro-referenciadas e diaspóricas, em suas mais diversas vertentes como o afrofuturismo, nos inspiram constantemente, já que as imagens de futuros que essas narrativas criam costumam residir em pontos cegos do futurismo tradicional proveniente do Norte Global. Ao reexaminar as realidades vividas pelas pessoas pretas no passado e no presente, e propor novas verdades fora da narrativa cultural dominante, encontramos experiências vibrantes, ideias e movimentos culturais que contemplam sementes de soluções para *wicked problems*.

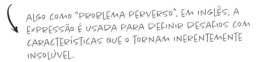
Algo como "problema perverso", em inglês; a expressão é usada para definir desafios com características que o tornam inerentemente insolúvel.

E o que seria o futurismo criado pelas cosmovisões dos povos indígenas? A perspectiva de cosmovisões indígenas nos traz verdadeiros portais que desafiam lógicas mais tradicionais do futurismo. Seja a valorização da ancestralidade, que desafia a nossa temporalidade sempre acelerada, seja uma forma de conviver pacificamente nos territórios. Encontramos nas múltiplas cosmovisões de diversas etnias exemplos incríveis de pluriversalidade justamente porque não há uma forma ou modelo que permita capturar o que seria a cosmovisão indígena, não há um princípio unificador.

Portanto, queremos fechar o capítulo da Lente Pluriversal com um humilde reconhecimento a algumas pessoas, coletivos e artistas que fortemente nos influenciaram ao longo desses anos, para que você também possa se inspirar e fortalecer o movimento do Sul Global simplesmente ao prestigiar estas visões e enriquecer seu painel mental de referências.

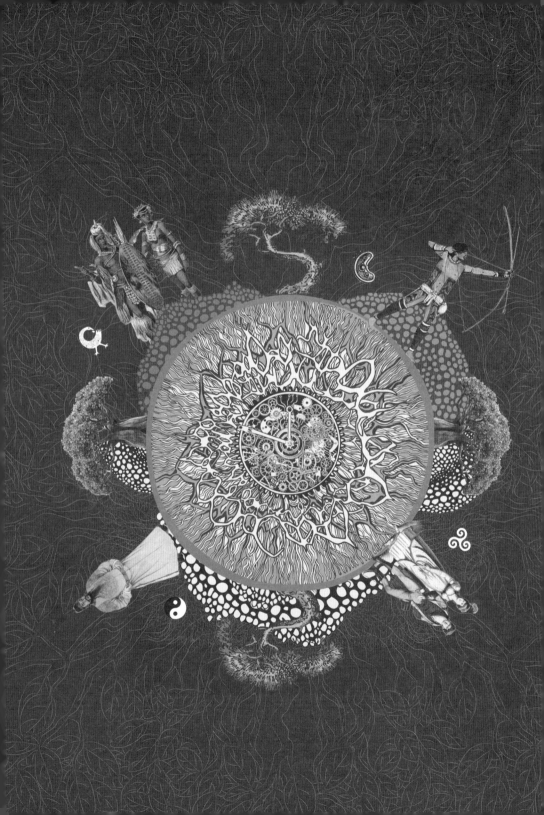

PESSOAS INSPIRADORAS

Ailton Krenak
Dar o tamanho da influência de Ailton Krenak é algo difícil. Apenas leia "Ideias para adiar o fim do mundo" e perceba como cada frase ficará tatuada em sua mente.

Aza Njeri
Pós-doutora em Filosofia Africana, nos lembra com sua pesquisa e poesia que é possível acender o sol de novas visões de futuros.

Chiu Yi Chih
Professor de filosofia taoísta e mandarim, chinês nascido em Taiwan e naturalizado brasileiro, criou a concepção filosófico-estética da Metacorporeidade em diálogo com o Taoísmo, foi uma grande influência no conhecimento dos saberes ancestrais orientais.

Cida Bento
Seu livro "O pacto da branquitude" foi fundamental para compreender e nos dar uma visão crítica do nosso papel na luta anti-racista no contexto do pensamento de futuros.

Davi Kopenawa
Líder político do povo Yanomami e conhecido mundialmente por sua luta em defesa dos povos indígenas e da floresta amazônica. Co-autor do livro "A queda do céu: palavras de um xamã Yanomami" e do filme homônimo. Presidente da Hutukara Associação Yanomami.

Daniel Munduruku
É escritor, professor, ator e ativista indígena brasileiro originário do Povo Munduruku. Autor de 62 livros, compôs diversas obras literárias dirigidas aos públicos infantil e juvenil, disponibilizando uma riquíssima oportunidade de educar nossas crianças com a diversidade cultural indígena.

Geni Nunez
É ativista indígena Guarani, escritora, psicóloga, mestra em Psicologia Social e doutora pela UFSC. Sua visão sobre a não monogamia está consolidada no livro "Descolonizando afetos: experimentações sobre outras formas de amar".

Lélia Gonzalez
O legado inestimável dessa intelectual brasileira se espalha por muitas frentes, mas aqui enaltecemos o que aprendemos com ela sobre o pensamento interseccional, uma ideia tão cara para a pluriversalidade.

Lua Couto
Professora, pesquisadora e estrategista, fundadora do Coletivo Futuro Possível e autora do livro "Futurismo Ekológico Ancestral", influenciou fortemente nossas visões em colaborações frequentes com a equipe da White Rabbit.

Marcio Black
Cientista político e produtor cultural, nos abriu muitas portas mentais com seu vasto conhecimento e apontou novas referências de movimentos emergentes no Brasil e no mundo, sempre com seus pés ancorados na visão da realidade brasileira.

Morena Mariah
Reconhecida pesquisadora de afrofuturismo, uma das pioneiras do movimento no Brasil, se autodenomina como "catadora de saberes ancestrais" e é criadora da plataforma de educação Instituto Afro Futuro.

Sandra Benites
Pesquisadora e ativista Guarani. Suas reflexões emergem de experiências com o "conhecimento das mulheres Guarani" (kunhangue arandu), resultando em debates e trabalhos acadêmicos, que fazem frente à colonização do conhecimento.

Sonia Costa
Educadora e artista visual, atuou como guardiã de sabedorias ancestrais em nosso processo de pesquisa e grupo de estudos do Projeto "Sabedorias Ancestrais e Inovação".

Sueli Carneiro
Uma das pioneiras do movimento social negro brasileiro dispensa apresentações, mas é eterna fonte de referência e suas falas tem forte peso na nossa visão de futuros.

Tarcizio Silva
Pesquisador, mestre em Comunicação e Cultura Contemporâneas pela UFBA, estuda controvérsias multisetoriais na regulação de inteligência artificial. Seu livro "Racismo algorítmico: Inteligência artificial e discriminação das redes digitais" é uma forte influência para nossa visão crítica.

Watatakalu
Uma das líderes do movimento Mulheres do Xingu, nos influenciou para sempre com suas fortes falas quando a entrevistamos para o projeto de pesquisa "Sabedorias Ancestrais e Inovação".

Zaika Santos
Sempre em nosso radar, a multi-artista especialista em Inteligência Artificial e divulgadora científica de Movimentos Especulativos como Afrofuturismo, Africanfuturism e Afropresentismo, é CEO da empresa Afrofuturismo Arte e STEM.

COLETIVOS INSPIRADORES

Afrofuturismo
A plataforma é um ponto de referência, pois reúne projetos e pessoas que estão criando e pensando o afrofuturismo no país.

Amazofuturismo
Um gênero da ficção científica que explora a estética do bioma amazônico aliada a tecnologias e conceitos futuristas. Nessa nova ficção científica, os povos indígenas da Amazônia são os protagonistas de sua própria história e se projetam para o futuro, sem ignorar o passado e as conquistas ancestrais.

CESAR
Uma escola, um laboratório de experimentação, um centro de pesquisa e desenvolvimento e um *venture builder*, que desde 1996 faz de Recife um ponto de referência na inovação brasileira e no mundo.

Dragon Dreaming
É uma abordagem inspirada na cultura aborígene australiana que surgiu do trabalho e da prática de John Croft com Vivienne Elanta, além de outros membros da Gaia Foundation of Western Australia e possui linguagem, exercícios e práticas altamente inclusivas.

Gesturing Towards Decolonial Futures
Um coletivo de artes e pesquisa que faz experimentos artísticos, pedagógicos, cartográficos e relacionais que visam identificar e desativar hábitos coloniais de ser para imaginar futuros decoloniais.

SELVAGEM Ciclo de Estudos Sobre a Vida
Uma experiência de relacionar conhecimentos a partir de perspectivas indígenas, acadêmicas, científicas, tradicionais e de outras espécies.

INSPIRE-SE PELOS SONS

Músicas para embalar sua viagem pluriversal

Tarcis

Owerá

Xenia França

Tiganá Santana

Em resumo, utilizar a Lente Pluriversal permite uma compreensão mais completa e equilibrada do mundo, confirmando a pluralidade de perspectivas e experiências. Essa abordagem é fundamental para desenvolver práticas de interagir, aprender e ensinar com consciência crítica, solidariedade e empatia. Ela é essencial para construir futuros em que reine a cultura de paz: em que a multiplicidade seja celebrada, as vozes marginalizadas sejam amplificadas e a liberdade de pensamento seja realmente conquistada.

O mundo pluriversal é conectado por histórias e ancorado na sabedoria e na imaginação do coletivo. Agora, me diga: você não gostaria de viver em um mundo onde mais pessoas utilizassem a lente pluriversal?

⇨ QUER USAR A LENTE PLURIVERSAL COM MAIS FLUÊNCIA?
DÁ UM PULINHO NA PÁGINA 264 PARA CONFERIR A CURADORIA DESTE CAPÍTULO.

capítulo 6

Lente Sistêmica

"NÃO É A TERRA QUE É FRÁGIL.

NÓS É QUE SOMOS FRÁGEIS. A NATUREZA TEM RESISTIDO A CATÁSTROFES MUITO PIORES DO QUE AS QUE PRODUZIMOS. NADA DO QUE FAZEMOS DESTRUIRÁ A NATUREZA. MAS PODEMOS FACILMENTE NOS DESTRUIR."

James Lovelock, ambientalista

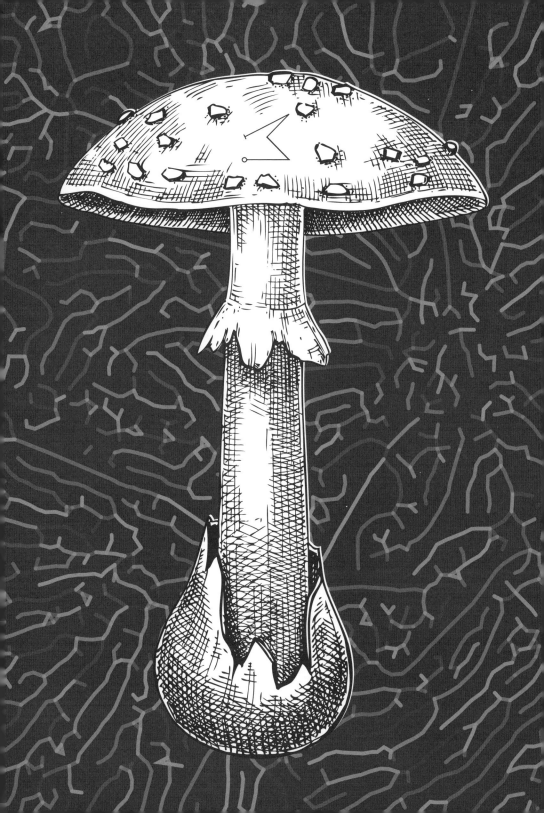

Certamente você já ouviu a frase que diz que tudo está conectado. Este é o puro suco da complexidade e o assunto que vamos explorar na nossa próxima lente da Reimaginação Radical: a Lente Sistêmica.

Essa lente nos ajuda a desenvolver um olhar do mundo por meio da complexidade e evidencia como tudo na natureza existe de forma interdependente. Ailton Krenak, já referenciado aqui anteriormente, alerta frequentemente que a compreensão sistêmica é chave para adiar o fim do mundo. Seria cômico se não fosse trágico tentar compreender como a humanidade criou uma forma de estar no mundo que contrasta diretamente com a realidade externa evidente: não existe fora da natureza e tudo pertence ao grande sistema da vida.

Então, porque precisamos nos esforçar para colocar a lente sistêmica sobre a realidade e temos dificuldade em enxergar interrelações e interdependências? Muitas vezes, quando vamos buscar uma ideia inovadora, desistimos antes de começar só de pensar que quanto mais você se debruça em uma questão, mais ela demonstra desdobramentos imprevistos. Essa dificuldade não é por acaso: tem a ver com uma visão de mundo que moldou a nossa forma de pensar há muito tempo atrás.

Você já parou pra pensar o seu pensamento? Já se perguntou se algumas certezas que você tem são realmente suas ou são frutos de um sistema de pensamento que é aprendido e repetido à exaustão? Crescemos em sociedades construídas sobre certas suposições sobre como o mundo funciona e como o planeta ao nosso redor deve ser visto. Desde Descartes, as pessoas e os animais passaram a ser entendidos como máquinas, pelo viés do mecanicismo, como estruturas bem organizadas, previsíveis, observáveis e mensuráveis.

Se podemos descrever o mundo como uma máquina, mais especificamente como as engrenagens de um relógio, esse condicionamento mental nos diz que o mundo é previsível, padronizado e controlável. Consequentemente, nos enxergamos a partir da História da Separação, como nos ensina Charles Eisenstein:

> "Aqui estamos, como bolhas psicológicas quicando pelo mundo, em competição, fundamentalmente, com outros indivíduos. Porque eu sou separado de você, mais para você é menos para mim.
> E as forças da natureza, que estão fora de nós... não são inteligentes; elas não são conscientes. Apenas um monte de prótons, elétrons, nêutrons quicando por aí de acordo com forças matematicamente determinadas."
>
> - Charles Eisenstein, em "O Mundo Mais Bonito que Nossos Corações Sabem Ser Possível"

Durante esta jornada da Reimaginação Radical, estamos o tempo todo tentando desconstruir estes condicionamentos e cada prática é importante, pois é uma estrutura mental muito arraigada. Portanto, para instalar a Lente Sistêmica em nossa capacidade de pensar futuros, precisamos do máximo de ajuda. Começamos por incentivar você a conhecer um pouco do pensamento sistêmico. A capacidade de pensamento sistêmico e resolução de problemas complexos aparece há muitos anos, consistentemente, como habilidade do futuro de acordo com vários institutos de pesquisa, justamente como estrutura mental para lidar com a permacrise.

Não nos cabe aqui desdobrar conceitos acadêmicos, pois muito já foi pensado e discutido em diversas áreas do conhecimento, mas queremos compartilhar algumas inspirações. Um dos pais do pensamento sistêmico, Edgar Morin, desenvolveu a abordagem conhecida como paradigma da complexidade ao longo de sua carreira, influenciada por várias correntes filosóficas e científicas, incluindo a cibernética e a Teoria Geral dos Sistemas. Ele destaca que a complexidade não pode ser reduzida a simples causas e efeitos, e que é necessário considerar as interações e relações entre as partes para entender o todo. Isso implica uma mudança de perspectiva, desde a análise de partes isoladas até a compreensão do sistema como um todo dinâmico e interconectado.

A visão sistêmica nos estimula a olhar para o mundo de forma orgânica, a compreender a vida a partir de seus sistemas complexos, abertos e interconectados, singulares, emergentes e não lineares. É uma mudança de mentalidade e nos convida a reconhecer como tudo está intimamente interconectado. É compreender o **todo** e as **partes** ao mesmo tempo, desvendar as **relações** e as **conexões** que constituem a dinâmica desse todo, incluindo os **ciclos de *feedback***, as causalidades e as novas coisas que emergem dessas interações.

Morin também enfatiza a importância do princípio sistêmico ou organizacional, que conecta o conhecimento e a compreensão da complexidade. Ele argumenta que o método de pesquisa deve ser flexível e capaz de absorver mudanças e imprevistos, incorporando a ética da solidariedade e da não coerção. Perceba como tem tudo a ver com o desenvolvimento da prontidão que destacamos como um aspecto central na alfabetização de futuros.

E se é verdade que o mundo opera nessa lógica de sistemas, onde todos os elementos são interdependentes e, consequentemente, toda ação e interação afeta o todo, nós precisamos entender o ser humano também como parte dessa **teia relacional, desafiando a visão da centralidade do ser humano no grande esquema da vida.**

Você já imaginou como seria o relógio do planeta Terra se utilizássemos apenas um dia para contar tudo o que já aconteceu por aqui? O setor de Geologia da Universidade de Wisconsin resolveu fazer isso e nós trouxemos o pequeno infográfico criado por eles para ilustrar melhor a situação.

Se toda a história da Terra fosse contada em 24 horas, ela seria assim:

Incentivamos que você vá na essência daquilo que deseja reimaginar, porque ela evidencia os desdobramentos sistêmicos. Inspire-se na natureza e pense nos rizomas, caules subterrâneos das plantas, que distribuem seu crescimento logo abaixo da superfície, permitindo o surgimento de mudas. Ou lembre das estruturas dos fungos, descentralizadas e distribuídas, que os tornam mais resilientes e adaptáveis. A analogia com formas da natureza também aparece no trabalho de Deleuze e Guattari, onde a palavra "rizoma" é usada não no seu sentido biológico, mas em uma sugestão de que todas as coisas no mundo estão conectadas, mesmo que estas conexões não sejam visíveis. Assim, somos convidados a, partindo de um pensamento "rizomático" (na acepção filosófica dessa palavra), assumir essa postura humilde perante a maior professora do pensamento sistêmico, que é a própria natureza.

APRENDENDO COM A NATUREZA

A natureza faz tudo a longo prazo, conecta, integra e consegue coordenar a complexidade da interdependência sem gerar nenhum tipo de desperdício. Por isso, entendemos a Biomimética como um arcabouço muito inspirador nesta jornada. A Biomimética é uma disciplina que considera a natureza como mentora, modelo e medida.

Não se trata apenas de aprender **sobre** a natureza, de um lugar externo e apartado dela, mas de aprender **com** a natureza, em um lugar integrado, de humildade, reconhecendo que também somos parte dela. Antes de falarmos um pouco mais sobre isso, te convidamos a uma prática de estar na natureza, nesse estado profundo de contemplação.

Utilizamos essa prática em *workshops* para incentivar as pessoas a mergulharem nesse estado, pois a sabedoria da natureza não se revela somente no aspecto racional, mas também com nossos sentidos e emoções. Para isto, vamos te dar uma ferramenta: uma janela.

Dedique um momento em que você possa passar alguns minutos sem interrupções. Encontre um espaço onde você possa se conectar com a natureza, seja pisando na grama, cuidando de uma plantinha, andando ao ar livre.

Recorte a sua janela e leve com você. Aponte esta sua nova tela como se fosse um microscópio ou uma luneta, enquadre fotos e observe vários quadros do seu ambiente sempre se perguntando: O que eu estou vendo? E o que mais? E o que mais?

Contemple.

RECORTE AS LINHAS
PONTILHADAS

o que estou
VENDO?

A inteligência da natureza é uma fonte infinita de inspiração para qualquer tipo de criativo. Se o seu tópico de Reimaginação Radical é um objeto ou um produto ou um lugar físico, é provável que **formas** da natureza possam inspirar você. Pense aqui, por exemplo, no macacão de natação olímpico da Speedo que imita pele de tubarão para ter menos resistência à água. Ou se você quer influenciar a sua área de atuação contribuindo com ideias para mitigar a emergência climática, também vai logo ver que várias das soluções mais inovadoras como Jardins de chuva, Telhados verdes, Parques lineares e fluviais, Renaturalização de rios, Restauração de encostas, são todas Soluções Baseadas na Natureza. Aliás, este termo que atende pela sigla de SbN, é uma crescente linha de pesquisa que ajuda a enfrentar desafios das mudanças climáticas, insegurança alimentar e hídrica, desertificação e perda da biodiversidade. Se você achou esse conceito difícil de compreender, basta lembrar que "Existe uma máquina mágica, que suga carbono do ar, custa muito pouco e se constrói sozinha: ela se chama ÁRVORE" – tradução livre do vídeo dos ativistas Greta Thunberg e George Monbiot.

Quando olhamos dessa forma, nos parece até óbvio que a natureza seja uma fonte inesgotável de ideias para praticamente qualquer desafio. Quer ter ideias de como construir espaços colaborativos? Aprenda como as abelhas trabalham na colmeia. Quer pensar em aproveitamento máximo de recursos? Estude os princípios da floresta.

Mas a Biomimética nos incentiva a ir além de simplesmente observar as soluções da natureza e simplesmente trazê-las para um produto ou processo, que seria, no caso, o ato de **emular** a natureza. Ela também inclui um Ethos, que é o elemento sobre a essência, sobre a ética, as intenções, e a filosofia do porquê praticar a biomimética. O ato de Reconectar, que é sobre aprender a enxergar a natureza com essas lentes de aprendiz.

Talvez como consequência da urgência da compreensão desta verdade, ideias como a Ecologia Profunda têm ganhado destaque nas últimas décadas. Em tradução direta do inglês *deep ecology*, a Ecologia Profunda é um conceito proposto pelo filósofo e ecologista norueguês Arne Næss em 1973, que vê a humanidade como mais um fio nessa "teia da vida".

"Ela vê o mundo, não como uma coleção de objetos isolados, mas como uma rede de fenômenos que estão fundamentalmente interconectados e interdependentes. A ecologia profunda reconhece o valor intrínseco de todos os seres vivos". – Fritjof Capra, em "A Teia da Vida".

Quer conhecer uma história que representa essa ideia? O rio Laje, em Guajará-Mirim, Rondônia, foi o primeiro rio no Brasil a ter seus direitos reconhecidos por lei. Em junho de 2023, a Câmara Municipal aprovou uma lei que define o rio Laje, chamado pelos indígenas de Komi-Memen, como "ente vivo e sujeito de direitos". A proposta foi de autoria do vereador Francisco Oro Waram, liderança da aldeia Waram na região do rio Laje. Segundo o texto da lei, o rio tem o direito de "manter seu fluxo natural", "nutrir e ser nutrido", "existir com suas condições físico-químicas adequadas ao seu equilíbrio ecológico" e se relacionar com seres humanos, desde que "de suas práticas espirituais, de lazer, da pesca artesanal, agroecológica e cultural".

A partir desta compreensão, te perguntamos: seu projeto de Reimaginação Radical considera todos os seres vivos envolvidos? Ele está considerando como premissa o equilíbrio com o planeta Terra?

Ao observarmos o mundo natural, também é possível ver que a lógica de sustentabilidade é insuficiente quando falamos sobre lidar com imperativos como a crise climática, devastação florestal e perda de biodiversidade aceleradas, já que normalmente se limita a reduzir ou no máximo neutralizar danos. Mas já não basta não agredir o meio ambiente, criar compensações para os desgastes e ficar no zero a zero.

Quer provas disso? Basta conhecer o Dia da Sobrecarga da Terra. É a data em que a demanda da humanidade por recursos naturais supera a capacidade de regeneração do planeta. Em 2024, o Dia da Sobrecarga da Terra foi no dia 1 de agosto. O cálculo da data é feito pela Global Footprint Network,

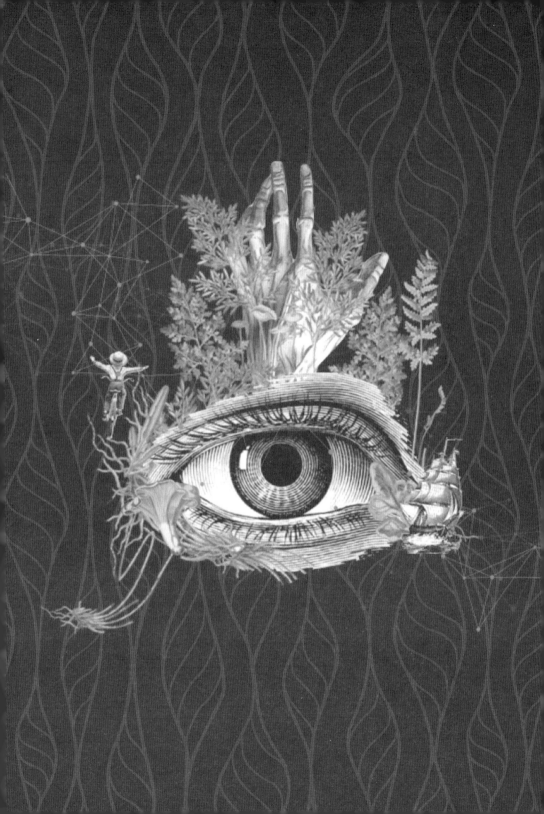

uma organização internacional de pesquisa que considera levantamentos sobre desmatamento, uso de agrotóxicos e emissão de gases de efeito estufa. O Dia da Sobrecarga da Terra é um alerta sobre a pressão crescente que a humanidade impõe aos recursos naturais do planeta. Atualmente, para atender aos padrões de consumo da humanidade, seriam necessários 1.7 planetas Terra. E esta dívida acumulada tem sido apresentada na forma de eventos climáticos extremos. Ou seja, ao colocar a lente sistêmica logo entendemos que precisamos reimaginar radicalmente nossa economia.

Muitas pessoas já estão nessa árdua tarefa. A economia regenerativa, oriunda de estudos de design e cultura regenerativos propõe que todas as ações regenerem e recuperem nosso ambiente e nossas comunidades. A Regeneração é um movimento importante que engloba pensadores, ONGs, ativistas, empresas e artistas. Muitos sinais têm mostrado o crescimento das narrativas emergentes relacionadas ao movimento nos últimos anos. Novas narrativas econômicas emergem da evidente necessidade de regeneração do planeta e dos nossos sistemas produtivos, desde a Economia Circular até o movimento do Decrescimento que critica o paradigma do crescimento econômico infinito, uma vez que operamos e vivemos dentro de um sistema de recursos finitos que é o planeta Terra. Conforme formulamos na lente da Ousadia, a boa pergunta que queremos nos fazer não é se ainda dá tempo de salvar o planeta, pois o planeta seguirá sem nós, e sim "Como criamos uma economia que garanta a manutenção das condições da vida humana no planeta?"

PENSANDO EM TUDO ISSO, AGORA, TEMOS DUAS PERGUNTAS PARA VOCÊ:

⇨ AQUILO QUE VOCÊ QUER REIMAGINAR ESTÁ CONTRIBUINDO PARA O PARADIGMA DA REGENERAÇÃO?

⇨ VOCÊ ESTÁ CONSIDERANDO A REGENERAÇÃO COMO PREMISSA E VALOR NO SEU PROCESSO CRIATIVO?

"TUDO TOCA TUDO"

Se nossa própria vida é sistêmica e "tudo toca tudo", parafraseando Jorge Luis Borges, é inerente aos sistemas que cada ação possa gerar consequências não previstas. O que é hoje conhecido como a "lei das consequências não antecipadas", do sociólogo Robert K. Merton, é também uma ideia chave no pensamento de futuros, justamente porque a cada tentativa de ações inovadoras nos deparamos, na prática, com consequências sistêmicas muito diferentes do que previmos inicialmente.

É muito didático compreender este conceito observando a adoção de tecnologias emergentes. Quando o YouTube surge, por exemplo, ele se coloca como uma plataforma para as pessoas compartilharem momentos de sua vida, expresso no seu posicionamento "Broadcast Yourself". Quem poderia prever que esta plataforma seria decisiva para a forma como disseminamos desinformações e, consequentemente contribuindo para a crise das democracias no mundo inteiro? Aliás, a maioria dos episódios da série Black Mirror trabalha com o conceito de "consequências não previstas", explorando quais os desdobramentos sistêmicos da adoção de novas tecnologias, gerando histórias surpreendentes. O episódio "Nosedive" (primeiro episódio da terceira temporada), por exemplo, conta uma história que se passa em um mundo ficcional onde as pessoas têm acesso a produtos e serviços a partir de um sistema que avalia a sua popularidade. Para conseguir acesso a um condomínio de luxo, a protagonista precisa aumentar a sua pontuação e a trama do episódio vai evoluindo conforme decisões equivocadas a levam na direção oposta, revelando os desdobramentos mórbidos que um sistema de pontuação como esse pode acarretar (vale a pena assistir). Qualquer semelhança com os já existentes sistemas de crédito social na China não é mera coincidência. Sabemos que já existem testes em várias cidades de sistemas capazes de pontuar os cidadãos, e os defensores desse tipo de prática afirmam que o sistema ajuda a regular o comportamento social, a confiabilidade no pagamento de impostos e promove a boa convivência social. No entanto, quais as consequências sistêmicas da implementação de uma série de tecnologias de vigilância em massa? Quais as implicações em termos de direito à privacidade, reputação e até mesmo à dignidade pessoal?

Entende por quê usar a lente sistêmica é tão importante quando se trata de propor inovações que *a priori* são muito bem intencionadas? E assim também é com qualquer boa ideia, que precisa que façamos uso de ferramentas específicas para ajudar a iluminar o caminho frente a futuros desejáveis. Por isso vamos te apresentar agora uma ferramenta gratuita, acessível e que pode ser utilizada toda vez que você for tomar uma decisão relacionada a futuros, seja mudar a escola dos seus filhos, seja propor uma nova ideia na sua empresa.

Exercício

É a Roda de Futuros, que foi criada por Jerome Glenn, em 1971. A Roda de Futuros é uma ferramenta que nos permite mapear múltiplas implicações de uma potencial mudança, e identificar e entender consequências primárias, secundárias e terciárias de tendências, eventos, questões emergentes e possíveis decisões futuras. Ela é especialmente útil quando você estiver lidando com uma questão complexa, pois mapeia os impactos potenciais, permitindo que os usuários visualizem relações, identificando oportunidades e riscos e promovendo pensamento crítico.

Passo 1 | Escreva no centro da roda a Mudança, Tendência ou Decisão que você deseja mapear. Pode ser um aspecto relevante do seu projeto de Reimaginação Radical.

Passo 2 | No primeiro círculo, diretamente relacionado ao centro, você vai escrever os impactos de primeira ordem ao redor da mudança central. Ou seja, você vai listar os impactos imediatos e diretos. São as consequências mais óbvias que derivam diretamente da mudança.

Passo 3 | No segundo círculo, você vai mapear consequências que não resultam diretamente da mudança central, mas como resultado de seus impactos de primeira ordem. Esta etapa ajuda a descobrir efeitos menos óbvios, mas potencialmente significativos.

Passo 4 | O processo continua explorando impactos de terceira ordem (as consequências dos impactos de segunda ordem) e além. Esta prática ajuda a compreender a complexa conexão de efeitos que uma única decisão pode ter ao longo do tempo e em diferentes aspectos.

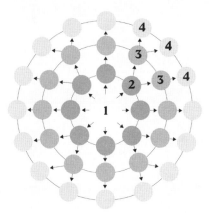

Com base nesta visualização, podem ser tomadas melhores decisões, bem como desenvolvidas soluções para potencializar impactos positivos e mitigar os negativos.

A Roda de Futuros é uma poderosa ferramenta visual e analítica que encoraja os usuários a moverem-se além do pensamento linear, considerarem um amplo espectro de efeitos e se prepararem para uma gama enorme de possíveis resultados. Ao explorar sistematicamente os efeitos de reverberação das mudanças, a Roda de Futuros auxilia na tomada de decisões mais informadas hoje para a cocriação de futuros preferíveis para as pessoas, organizações e o planeta. Use sem moderação para treinar seu próprio pensamento e também para incentivar grupos a ter discussões de maior qualidade e que considerem os aspectos sistêmicos da tomada de decisões.

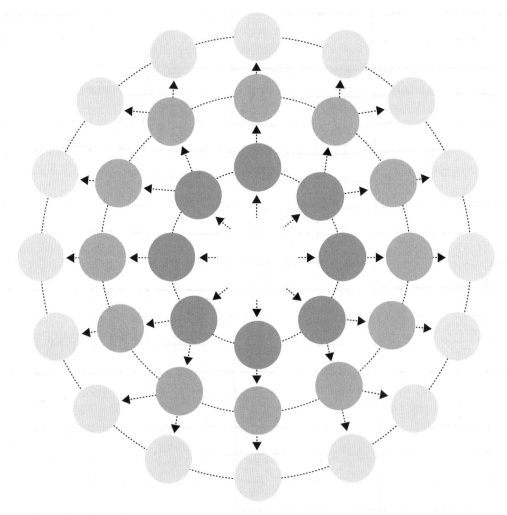

Num mundo caracterizado por mudanças rápidas, incerteza e complexidade, abraçar o pensamento sistêmico torna-se crucial para a sobrevivência e a adaptação. Essa lente permite que os indivíduos gerenciem, se adaptem e expandam possibilidades em ambientes cada vez mais imprevisíveis.

O conceito de uma lente sistêmica está enraizado na ideia de perceber o mundo por meio de uma perspectiva holística e interligada. Essa abordagem enfatiza a compreensão das interconexões dentro de sistemas complexos e a capacidade de redesenhar esses sistemas de forma criativa e corajosa. Ao adotar uma visão sistêmica, os indivíduos podem melhorar a sua compreensão do todo, examinando as suas partes, identificando interligações, explorando potenciais comportamentos futuros e redesenhando o sistema para obter melhores resultados. E se tudo isso parece muito emaranhado, é porque é mesmo! Mas também traz a riqueza das possibilidades para a mesa. Inspirados pela natureza e pelo poder das histórias, veremos a holografia de mundos possíveis.

E POR FALAR EM HISTÓRIAS, VOCÊ, COMO NÓS, É APAIXONADO POR HISTÓRIAS DE VIAGEM NO TEMPO?

SE SIM, VOCÊ VAI ADORAR OLHAR SEU DESAFIO DE REIMAGINAÇÃO RADICAL COM A LENTE MULTITEMPORAL.

⇨ QUER USAR A LENTE SISTÊMICA COM MAIS FLUÊNCIA?
DÁ UM PULINHO NA PÁGINA 266 PARA CONFERIR A CURADORIA DESTE CAPÍTULO.

capítulo 7

Lente Multitemporal

"NAS TEMPORALIDADES CURVAS,
TEMPO E MEMÓRIA
SÃO IMAGENS QUE SE REFLETEM."

Leda Maria Martins

Quando começa o futuro? Essa pergunta é fácil: será quando as pessoas estiverem vestidas de prateado e o céu cheio de carros voadores, certo?

Esse é o questionamento com o qual Jane McGonigal, *game designer* e diretora do Institute For The Future (IFTF) começa suas aulas e *workshops* sobre pensamento de futuros. "Se o futuro é um momento em que muitas ou a maioria das coisas em sua vida serão diferentes do que são hoje, daqui a quanto tempo esse futuro começa?" Depois, pede que escrevam sua resposta em dias, semanas, meses ou anos. Se quiser, você também pode fazer essa prática.

Pause um instante e responda:
QUANDO COMEÇA O FUTURO?

Independente do que você tenha respondido, você está certo. Afinal, não existe uma única resposta correta para isso. Nossa relação com o tempo varia de acordo com a subjetividade de cada um. Jane nos conta que as respostas de seus alunos sempre variam. Enquanto alguns respondem que o futuro começa em um punhado de dias, outros respondem quarenta, cinquenta ou até cem anos. Em geral, a maioria das pessoas responde que o futuro começa em dez anos, já que essa é uma distância de tempo suficiente para pressupormos que o mundo será bastante diferente. Mas é interessante notar como enquanto alguns baseavam suas respostas em experiências e marcos pessoais (por exemplo, quando eu completar trinta anos), outros tinham perspectivas temporais muito mais longas.

Apenas esse breve experimento já nos mostra como esse tema do tempo abre múltiplas interpretações.

Quando você pensa sobre o futuro daqui a dez anos, você acha que o mundo será muito parecido como é hoje ou você acha que a maior parte das coisas serão drasticamente diferentes? Se você tivesse que avaliar sua ideia de futuro de um a dez – sendo o um uma métrica em que tudo ficaria quase igual ao que vemos hoje e dez um ponto em que quase tudo seria diferente – que nota você daria? Já pensou nisso?

A verdade é que a forma como nos organizamos, nos relacionamos e percebemos a passagem do tempo não é universal. É por isso que precisamos aprender a ampliar a nossa consciência temporal, que é o que eu quero convidar você a passar a fazer daqui por diante.

Quando usamos a lente da Multitemporalidade para reimaginar radicalmente os futuros que queremos criar, conseguimos entender que assim como toda a nossa visão de mundo, nossa relação com o tempo também é colonizada e nós sequer conseguimos perceber isso. Na White Rabbit, decidimos adicionar por nossa própria conta e risco a habilidade "Inteligência Temporal" a todas as listas de habilidades do futuro, pois acreditamos que desenvolver mais repertório e consciência sobre a nossa relação com o tempo é a chave da Lente Multitemporal.

INTEGRAR
PASSADO
PRESENTE
FUTURO

"Mas como eu faço isso? ", você deve estar se perguntando. Em primeiro lugar, que tal tentar situar como você chega aqui neste ponto do livro? Quer dizer, você consegue perceber qual a sua orientação temporal e como você se sente em relação ao futuro?

Para te ajudar nessa reflexão, sugerimos dois exercícios em que você se posiciona em uma matriz.

Polak Game

O Polak Game, também conhecido em inglês como *"Where Do You Stand?"*, é uma atividade de facilitação de conversa que ajuda a entender a visão de futuro de indivíduos ou equipes. Desenvolvido pelo sociólogo holandês Frederik Lodewijk Polak, o exercício é baseado em seu livro "A Imagem do Futuro" e tem sido utilizado por mais de uma década em oficinas e aulas de estudos sobre futuros.

BORA PRATICAR?

Passo 1 | Responda a duas perguntas.
A primeira delas: em um futuro de dez anos, você vê o mundo como melhorando ou piorando?
A segunda: Quão capaz você se sente em afetar pessoalmente o futuro?

Passo 2 | Com base nas suas respostas, posicione-se em uma matriz 2x2, que é dividida em quatro quadrantes:

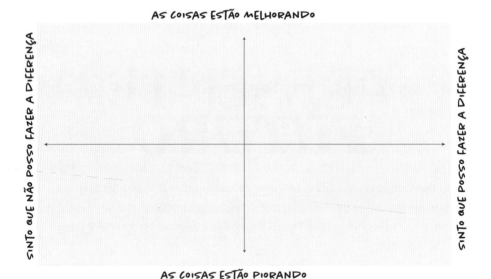

AS COISAS ESTÃO MELHORANDO

EMPODERADO

Você reconhece que as coisas estão boas e acredita que elas possam melhorar. Você está confiante em sua capacidade de agir e criar um futuro melhor.

REALISTA

Sua visão do futuro não é positiva, mas você ainda acredita em sua capacidade de influenciar o resultado. No entanto, essa dualidade cria alguns sentimentos contraditórios. Você acha que vale a pena tentar, mas não está tão confiante sobre quanta diferença você pode criar.

SINTO QUE POSSO FAZER A DIFERENÇA

PASSIVO

Embora sua visão do futuro seja positiva, você tende a ser mais um observador do que um agente de mudança ativo. Você espera que aqueles que estão no poder tomem a decisão. Você vai se adaptar e jogar junto.

IMPOTENTE

Não apenas sua percepção do presente é negativa, mas você também sente que as coisas vão piorar. Essa percepção, de certa forma, é libertadora: como não há nada que você possa fazer sobre isso, você não se sente responsável caso as coisas fiquem ainda piores.

SINTO QUE NÃO POSSO FAZER A DIFERENÇA

AS COISAS ESTÃO PIORANDO

Orientação Temporal

Esse exercício foi desenvolvido pelo psicólogo americano e professor de Stanford, Philip Zimbardo, e nos ajuda a entender como nossa relação com o tempo pode influenciar em nosso comportamento e nosso posicionamento diante da vida.

Existem seis diferentes perfis ou orientações temporais:

Para descobrir a sua orientação temporal, reflita sobre como você se sente em relação ao passado, ao presente e ao futuro.

PASSADO

> Nossa mente é uma máquina do tempo capaz de se mover para o passado e revisá-lo através das lentes do presente. Como você se sente em relação a ele?
>
> Quando você pensa sobre seu passado, você sente mais culpa? Você revisita o que poderia ter mudado ou feito diferente? Talvez você tenha uma orientação **Passado Negativo**.
>
> Quando você pensa no passado, você sente majoritariamente gratidão? Neste caso, você deve ter uma orientação **Passado Positivo**.
>
> Localize-se na escala abaixo:

PRESENTE

Sobre o presente, podemos ser Fatalistas ou Hedonistas.

O Presente Hedonista se concentra em viver o momento, buscando emoção e prazer.

O Fatalista expressa a convicção de que, em vez do livre arbítrio, as vidas individuais são influenciadas por forças inesperadas e incontroláveis, destino, sorte e assim por diante. Como você encara o presente?

Localize-se na escala abaixo:

FATALISTA ←——————— PRESENTE ———————→ **HEDONISTA**

FUTURO

Podemos ter uma visão mais pé no chão sobre o futuro, e imaginá-lo como algo que se constrói pouco a pouco a partir do presente, ou como algo que não vale tanto a pena perder tempo pensando. Se você se identifica, talvez você tenha a orientação Futuro Concreto.

Ou você pode ser mais idealista sobre o futuro: você gosta de pensar sobre o que o amanhã te reserva e criar imagens sobre o que ele pode vir a ser.

Localize-se na escala abaixo:

CONCRETO ←——————— FUTURO ———————→ **TRANSCENDENTAL**

Agora que você já parou para pensar sobre o tempo, vamos fazer algumas reflexões para ampliar seu repertório sobre temporalidades.

A autora e designer britânica Helga Schmid, em seu livro "Uchronia: Designing Time", investiga nossa atual "crise de tempo". Ela propõe entender o nosso sistema de organização do tempo como uma tecnologia e sugere a necessidade de questionar, especular e projetar novos tipos de sistemas onde possamos estar mais em sincronia – consigo mesmo, com os outros e com o mundo – do que no tempo do relógio.

> **"As tecnologias moldam e são moldadas pela sociedade. Elas não são o problema nem a solução. Estamos presos em nosso próprio sistema de relógios e calendários, embora sejam apenas um elemento na interação da temporalidade (tempo vivido). Agora é a hora de questionar os padrões de trabalho existentes e nosso prazo atual".**
>
> – Helga Schmid, em "Uchronia: Designing Time"

A tecnologia tem influenciado significativamente a forma como entendemos o tempo. Com a evolução das tecnologias, o tempo se tornou mais flexível e pode ser manipulado de várias maneiras. Isso inclui a possibilidade de programar eventos no futuro e de acessar informações do passado de forma instantânea.

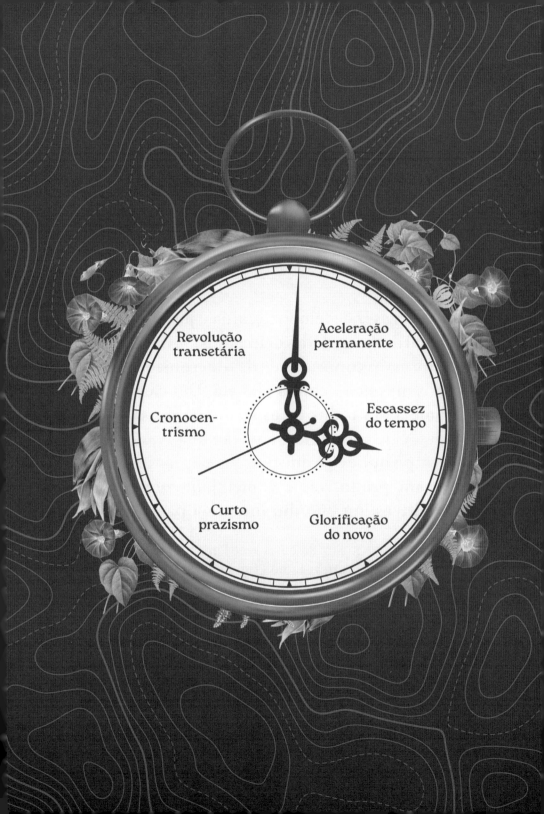

Dificilmente questionamos a aceleração permanente a que todos nos sentimos submetidos. Assumimos como valor absoluto fazer tudo de forma cada vez mais rápida e eficiente. Você também deve sentir essa pressão: quanto mais coisas encaixarmos nas nossas 24 horas diárias, melhor. Pergunte a uma mãe exausta, ou a um empreendedor tentando fazer seu negócio prosperar, estejam eles em qualquer contexto social, e você verá a ideia de "não ter tempo" como a tônica de suas vidas. O valor do tempo parece estar no quanto conseguimos usá-lo para sermos produtivos, inclusive no nosso escasso tempo livre, onde "trabalhamos" produzindo conteúdo para as mídias sociais sobre nossas vidas privadas.

> **"A escassez de tempo domina o pensamento atual das sociedades ocidentais. Vivemos em processos contínuos de dessincronização de nós mesmos e com o planeta. Um ciclo que hoje afeta todos os aspectos de nossas vidas, causando uma sensação de pressão do tempo que exige que pessoas e organizações sejam produtivas e comercialmente competitivas, mesmo durante uma pandemia".**
>
> - Gustavo Nogueira, Pesquisador e Fundador do Temporality Lab, em entrevista no grupo de estudos "Sabedorias Ancestrais e Inovação"

É essa ideia que também guia a forma como desenvolvemos produtos, serviços e todo tipo de experiência hoje em dia: um bom serviço é aquele onde tudo é extremamente rápido, fácil e conveniente. Claro que isso tem muito valor, quem é que não gosta de um serviço eficiente? Mas o que nossa lente da multitemporalidade nos provoca a pensar é:

Será que todas as
nossas experiências têm de ser
moldadas pela aceleração,
por ser tudo o mais rápido possível
sem tempo para nada
correndo sem parar sem
respirar sem pensar imediato
agora mesmo?

"Os tempos
são urgentes,
precisamos
desacelerar."

Bayo Akomolafe

Muitas pessoas já sentem essa necessidade de desacelerar, especialmente no contexto da crise da saúde mental. E essa necessidade é defendida por pensadores importantes do nosso tempo, como o filósofo de origem sul coreana, Byung-Chul Han. Ele argumenta em seu livro "O Aroma do Tempo" que nosso apego à ideia de nos mantermos constantemente ativos – trabalhando, checando redes sociais, notícias – faz com que seja impossível experienciar o tempo de forma satisfatória.

Outra coisa que nos interessa investigar sobre nossa relação com o tempo é a glorificação do novo. Parece que sempre vivemos em função da próxima novidade, do próximo passo. Quando atuamos no contexto da inovação, já discorremos sobre essa verdadeira obsessão. Porém o ciclo de novidades se manifesta de forma muito mais ampla: desde a lógica da moda até a atividade industrial em si, que é amplamente regulada pelo princípio da obsolescência programada, que consiste basicamente em fabricar produtos deliberadamente para durar menos do que seria possível com a tecnologia.

O TERMO SURGIU NA DÉCADA DE 1920, QUANDO AS EMPRESAS PERCEBERAM QUE AS VENDAS ESTAVAM CAINDO E QUE A MAIORIA DAS PESSOAS JÁ TINHA COMPRADO OS PRODUTOS. A ESTRATÉGIA FOI ADOTADA PARA MANTER A NECESSIDADE DE COMPRA VIVA, FAZENDO COM QUE OS PRODUTOS DURASSEM MENOS.

O discurso publicitário acompanha esse ciclo, utilizando todo o arcabouço das mais avançadas técnicas de contação de histórias e conhecimento do inconsciente humano para reforçar a necessidade artificial do novo. A glorificação do novo ainda informa grande parte nossas visões de futuro e a própria prática do futurismo em si. É interessante notar que os próprios termos futurismo e futurista estão intimamente relacionados ao movimento artístico italiano homônimo do início do século XX, que pregava uma rejeição ao passado e a valorização de ideais como a velocidade, juventude, a aceleração do futuro e o entrelaçamento entre homem e máquina.

Apesar de sempre estarmos pensando no futuro, no próximo passo, no novo, nossa visão de futuros ainda é limitada por uma quase obsessão pelo curto prazo. No Brasil, nossos governantes raramente fazem propostas e planos de longo prazo para o país, que de fato enderecem seus grandes problemas estruturais. Quase todo projeto de governo se limita a fazer melhorias com resultados imediatos, porém frágeis e superficiais. O mesmo mal acomete as empresas, que em detrimento de reajustar ou reimaginar sua trajetória, sustentabilidade e modelo de negócios a longo prazo, privilegiam garantir seu lucro no próximo semestre. As metas de curto prazo dos executivos e os altos índices de *turnover* são as provas mais evidentes deste modelo de relação com o tempo no âmbito corporativo.

> INDICADOR QUE MENSURA A QUANTIDADE DE FUNCIONÁRIOS QUE DEIXAM UMA EMPRESA EM DETERMINADO PERÍODO. PODE SER REFERIDO TAMBÉM COMO "TAXA DE ROTATIVIDADE", APONTANDO O FLUXO DE CONTRATAÇÕES E DEMISSÕES DE UMA COMPANHIA.

E neste momento de inflexão de múltiplas disrupções, ainda vemos sinais do cronocentrismo, que é a suposição de que certos períodos de tempo (normalmente o presente!) seriam melhores, mais importantes ou mais significativos do que outros períodos de tempo, passados e futuros. Essa atitude mental acaba atrofiando a nossa já combalida Inteligência Temporal, justamente porque inibe a curiosidade em explorar outras temporalidades que não o mergulho na última tendência do momento e, no curto prazo, contribuindo para a "era da tirania do agora", como propõe o pensador Roman Krznaric em sua obra "O bom ancestral".

E nunca é demais ressaltar o quanto esta temporalidade encurtada é absolutamente o oposto do que precisamos para lidar com os desafios da permacrise: como já vimos na lente sistêmica, todos os fenômenos se interligam e será preciso estender essa visão de tempo, pois as soluções para os dilemas do século XXI não são simples e não poderão ser resolvidas a partir de uma ótica de curto prazo.

Mesmo grupos que antes se identificavam com seus pares geracionais, hoje experienciam o tempo de forma diferente. Há um descolamento da classificação por idades, que sempre foi tão cara à pesquisa de tendências. Como afirma Rosa Alegria, uma das pioneiras dos estudos de futuros no Brasil, que chama este movimento de "revolução transetária".

"A revolução transetária é nativa do mundo transitório. Uma revolução que emerge da construção de identidades que não mais se enquadram nas faixas etárias categorizadas pelos estudos demográficos... superar a idade não é apenas superar as barreiras impostas pela velhice e transmutar-se num eterno jovem. Diz respeito a escolher a idade que melhor lhe traduz em diferentes momentos e contextos." – Rosa Alegria, em Revolução Transetária

Para sermos capazes de reimaginar radicalmente a realidade, vamos ter que nos libertar dessas ideias limitantes sobre nossa relação com o tempo, começando pela própria ideia do tempo linear.

Recuperando uma relação ancestral com o tempo

A quebra com a linearidade propõe uma temporalidade espiralar, que é informada pelos ciclos naturais e reconhece a responsabilidade da geração presente tanto com seus ancestrais quanto com aqueles que ainda não nasceram.

A ideia de tempo espiralar está presente em várias culturas ao redor do mundo, especialmente em tradições indígenas e filosofias antigas. Alguns povos e culturas tinham uma visão cíclica e não-linear do tempo, onde o passado, presente e futuro estavam interconectados e o tempo era visto como algo fluido, com repetições e renovações em diferentes níveis.

Para os Quíchuas e Aimarás, povos indígenas dos Andes, o passado é visto como algo que está à frente, porque já foi vivido e pode ser observado. Os Maias tinham uma concepção de tempo altamente desenvolvida, com calendários complexos que refletiam ciclos de tempo. O Calendário de Contagem Longa reflete a crença maia de que a história se move em ciclos. Os povos aborígenes australianos têm uma visão do tempo onde o passado, o presente e o futuro estão todos presentes no chamado "Tempo do Sonho", onde as ações dos ancestrais criam o mundo e continuam a influenciar a realidade.

Se você quer inspiração para desconstruir a sua visão de tempo linear, mergulhe na obra de Leda Maria Martins, intelectual brasileira que tem trabalhado na concepção de tempo espiralar. Em uma das suas principais obras, ela explora as inter-relações entre corpo, tempo, performance, memória e produção de saberes, principalmente aqueles que se instituem por via das corporeidades. A ideia de tempo espiralar é baseada na observação de comunidades e grupos étnicos africanos, que celebram o corpo como um local em que a ancestralidade e a morte convivem. Essa percepção entrelaça ambos os conceitos – de ancestralidade e da morte – fazendo com que o passado habite o presente e também o futuro. Assim, os eventos se mantém em um processo de transformação perene e brilhante.

Observar a repetição de ciclos é chave para o estudo da história humana, bem como é essencial para o pensamento de futuros. Ser capaz de viajar no tempo, espiralando entre temporalidades, é um exercício imaginativo que permite vislumbrar cenários e mundos onde queremos viver. Fica claro que, ao contemplar presente, passado e futuro, exercitando a multitemporalidade, vamos descobrir soluções ancestrais que parecem sob medida para o mundo de hoje.

Um exemplo interessante é pensar como isso se expressa em nossa relação com a comida. Muitas vezes quando somos convidados a imaginar como comeremos no futuro, uma imagem pré-pronta já salta em nossa mente: teremos tecnologias que vão possibilitar que a gente se alimente por pílulas super nutritivas e eficientes.

Sinceramente, este é um futuro desejável para você? Se existe um consenso entre chefs e nutricionistas é de que a melhor comida é a de bons ingredientes, a "comida de verdade", que não vem em potinhos. Se formos capazes de reimaginar um mundo em que voltemos a valorizar o alimento que vem da terra ao invés da embalagem, resolveremos tanto problemas de desnutrição quanto de obesidade, reduziremos emissões de gases estufa e valorizaríamos a agricultura e os sistemas de produção e consumo de alimentos locais. Isso sem falar que voltar a valorizar os rituais que envolvem alimentos e nutrem comunidades em torno das mesas desde tempos imemoriais pode ser um antídoto para polarização que vivemos.

No final, a sensação que temos é de que nosso maior desafio quando falamos em futuro da alimentação não é tecnológico. Não se trata de criar mais uma supercomida, e sim, voltar às raízes.

RECONHECIMENTO AOS ANCESTRAIS

RECONHECER QUEM VEIO ANTES E HONRAR OS ANCESTRAIS É UMA SABEDORIA E UMA PRÁTICA QUE ENCONTRAMOS DE FORMA RECORRENTE EM CULTURAS AFRO-DIASPÓRICAS E INDÍGENAS.

INCENTIVAMOS VOCÊ A FAZER ISSO SEMPRE QUE FOR PENSAR EM UMA VISÃO DE FUTUROS: CONTEMPLAR O PASSADO, RECONHECER OS INICIADORES DOS MOVIMENTOS QUE QUEREMOS TRANSFORMAR, HONRAR A HISTÓRIA. SE VOCÊ NÃO CONTEMPLOU ISSO NO SEU EXERCÍCIO DE RECONHECIMENTO E VIÉS, QUE TAL VOLTAR LÁ E OLHAR UM POUCO PARA A SUA ANCESTRALIDADE, VIAJANDO PARA O PASSADO PARA PODER ESPIRALAR PARA O FUTURO?

Quando reconhecemos o valor do passado, saímos da história única de uma área de conhecimento. Por exemplo, quando pensamos no futuro da medicina, vamos encontrar soluções ancestrais como a medicina tradicional chinesa e o Ayurveda. Pense que o Ayurveda, o sistema de medicina tradicional da Índia, remonta a mais de 4 mil anos atrás e é um arcabouço de ideias e práticas que tem ajudado milhões de pessoas a encontrar a saúde através de sua visão de equilíbrio entre corpo, mente e espírito.

Reconhecer a ideia de Futuro Ancestral, como nos ensina Ailton Krenak, nos permite pensar visões de futuros ativamente a partir da pergunta: podemos encontrar na ancestralidade práticas, inspirações e visões de mundo que nos ajudem a construir futuros desejáveis? Como podemos aprender com esses saberes que foram silenciados a partir do respeito e da integralidade dos guardiões desses saberes? Como podemos manter vivas essas tradições e legados a partir de sua integração em vislumbres de futuros desejáveis?

Estas perguntas guiaram o grupo de estudos conduzido pela White Rabbit que resultou no estudo "Sabedorias Ancestrais e Inovação". E o aprendizado deste estudo representa justamente esta orientação temporal que sabe reconhecer no passado muitas das inovações que ansiamos nos dias de hoje. Em diferentes perspectivas, redescobrimos na ancestralidade soluções para colaborar em comunidades, conviver com a natureza de forma pacífica, ou manter a integralidade na saúde. Saberes do Aquilombamento, da Conservação da floresta em pé e novos relacionamentos com os territórios, Reciclagem, cultura e memória são apenas algumas das ideias que compõem o mapa dos múltiplos saberes que identificamos como legado nessa jornada.

Plataforma Ancestralidades

Se você quer ampliar seu repertório neste tema, não pode deixar de conhecer a plataforma Ancestralidades. A White Rabbit contribuiu com as pesquisas de narrativas emergentes disponíveis publicamente na plataforma, que consiste em uma grande biblioteca que reúne e difunde conteúdos derivados de processos investigativos para evidenciar as criações dos diversos Brasis baseados em saberes, histórias e culturas da população negra. Esse espaço plural, desenvolvido em parceria entre a Fundação Tide Setubal e o Itaú Cultural, é também um local de formação e fomento para iniciativas transversais dispostas em quatro eixos estratégicos: Democracia e Direitos Humanos, Arte e Cultura, Ciência e Tecnologia e Religiosidade e Espiritualidade.

A plataforma pretende ser um espaço destinado ao debate e à reflexão acerca desses temas, em diálogo com pesquisadores, mestres populares, centros de estudos e outras instituições, gerando pesquisas, publicações, cursos de formação e conteúdos didáticos com abordagens que referenciem e ressignifiquem as efemérides históricas.

Aprendemos que a obsessão com o curto prazo é algo muito recente quando entramos em contato com tradições indígenas que consideram 7 gerações à sua frente para tomar decisões coletivas.

E foi muito influenciado por sua vivência junto aos povos indígenas da Guatemala que Roman Krznaric propôs sua ideia de "pensamento catedral", que consiste na capacidade de conceber e planejar projetos com um horizonte muito amplo, talvez décadas ou séculos à frente.

E por que "catedral"? Na Europa da Idade Média, as pessoas que se estavam começando a construir as catedrais sabiam que não as veriam concluídas no decorrer de suas vidas. Foi essa capacidade de agir no longo prazo que possibilitou a construção da Muralha da China ou Machu Picchu. Reconectar com esta perspectiva de planejamento a longo prazo nos possibilita fazer as grandes obras de transição que a permacrise nos desafia, assim como nos inspira a agir no presente para que sejamos bons ancestrais. Como você acha que seremos julgados pelas gerações que herdarão o mundo de nós?

Essa é uma história real sobre viagem no tempo

Julho de 2021. Com a vacinação de Covid-19 começando a massificar, conseguíamos vislumbrar a flexibilização do confinamento social e o retorno dos eventos presenciais. Os Festivais de Inovação tentavam bravamente se manter de pé com edições *online* e vislumbrávamos o retorno de uma edição presencial do SXSW, o festival de inovação South by Southwest, em 2022, em Austin, nos EUA.

Neste retorno simbólico, queríamos lançar algo inédito que juntasse tudo que a gente acreditava e criar uma experiência que traduzisse o que estávamos aprendendo na prática de pensar futuros. Ao fazer cenários e viajar para múltiplas temporalidades, uma coisa sempre nos pareceu certa: o quão absurda a nossa realidade de 2021 seria considerada no futuro. Nos pegamos tendo conversas imaginárias com nossos filhos no futuro tentando explicar porque não paramos de investir em combustíveis fósseis, ou porque mantemos desreguladas plataformas onde abertamente se disseminam discurso de ódio porque é mais lucrativo. Em uma sociedade supostamente pautada pelo paradigma científico, é notável nossa capacidade coletiva de ignorar a ciência quando se trata de interesses econômicos. Quando consideramos os desafios que se apresentam para as próximas décadas, esticando minimamente a nossa temporalidade, é muito fácil perceber que muito daquilo que consideramos normal hoje será absolutamente absurdo para as próximas gerações. Aliás, basta olhar para o passado: quão surreal é imaginar bebês andando de carro sem cinto de segurança ou pessoas fumando em um avião?

Juntamos nossa indignação com o absurdo, e com nossa reimaginação que propunha uma viagem no tempo, criamos uma experiência imersiva de cenários futuros utilizando a premissa do absurdo: quais hábitos e situações que são triviais nos dias de hoje, mas que já conseguimos vislumbrar que serão absurdos em 2050?

Mergulhamos nos estudos de cenários para 2050 e mapeamos 13 grandes temas que impactam diretamente nossos futuros, como a perda da biodiversidade, escassez hídrica ou envelhecimento da população.

- CRESCIMENTO POPULACIONAL
- ENVELHECIMENTO POPULACIONAL
- QUESTÕES RACIAIS, ÉTNICAS E INDÍGENAS
- GÊNERO, FAMÍLIA E SEXUALIDADE
- CIDADES ALAGADAS
- ESTRESSE HÍDRICO
- PERDA DA BIODIVERSIDADE
- SEGURANÇA ALIMENTAR
- RESÍDUOS
- ENERGIA RENOVÁVEL
- EXPLORAÇÃO ESPACIAL
- INTELIGÊNCIA ARTIFICIAL
- BIOLOGIA SINTÉTICA

Ao estudar o Teatro do Absurdo, estilo teatral nomeado no pós-guerra, encontramos nossa inspiração de linguagem. Já na introdução do livro "Teatro do Absurdo", a diretriz principal:

"O Teatro do Absurdo desistiu de falar sobre o absurdo da condição humana; ele apenas o apresenta tal como existe – isto é, em termos de imagens teatrais concretas."

Ou seja, qual a melhor forma de expressar o absurdo de uma garrafa plástica de uso único que é utilizada por 5 minutos e fica na natureza por mais de 100 anos? Apenas apresentá-la como existe. E foi assim que nasceu o Museu do Absurdo.

A partir desta pesquisa, criamos 36 artefatos que nada mais são do que objetos banais dos dias de hoje, contextualizados para um mundo imaginado de 2050. Ao chegar, os participantes logo entendiam que estavam em 2050, no evento de abertura da exposição "A absurda década de 20". Ao olhar para um iPhone ou para um pedaço de asfalto passando pelo filtro de 2050, é inevitável se deparar com o absurdo de muitas de nossas escolhas – e com nossa notável capacidade de negação.

Separamos aqui uma espiadinha do Museu do Absurdo para você viajar com a gente para 2050 e ficar indignado com os absurdos dos dias de hoje.

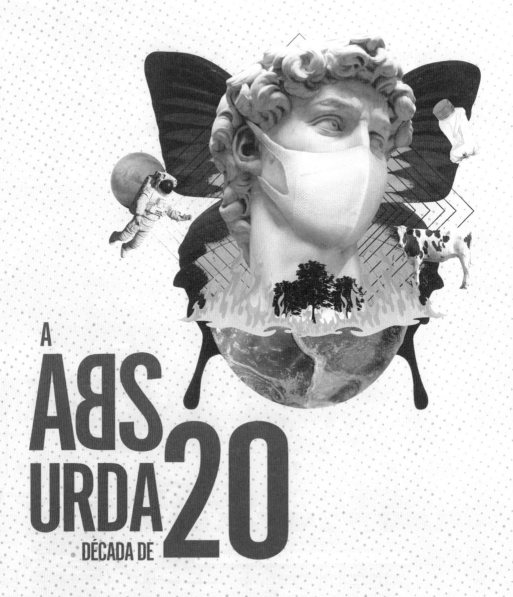

A exposição 'A Absurda Década de 20' nos leva a um jornada para um ponto pivotal em nossa história recente. O período entre 2020 e 2030 ficou marcado por intensas transformações e disrupções sistêmicas.

As peças que compõem a coleção que você vai conhecer agora representam algumas das escolhas e ações mais insensatas e ilógicas naquele período. O absurdo é uma lente poderosa através da qual podemos olhar para o passado e expandir nossa consciência sobre os pactos sociais que moldam comportamentos. O absurdo está exposto a olhos vistos, mas dificilmente é percebido em seu tempo. Hoje, em 2050, os absurdos da década de 20 são evidentes, mas o que é preciso para enxergar o absurdo enquanto ninguém parece vê-lo ainda?

Diante da realidade atual e dos grandes desafios com os quais lidamos em 2050 – das crises geopolíticas geradas por milhões de refugiados climáticos ao grande contingente de trabalhadores tornados obsoletos pela Inteligência Artificial – esta coleção é um lembrete de como podemos nos tornar melhores ancestrais para as gerações futuras ao reconhecermos como nossas decisões se desdobram e se perpetuam através do tempo.

 DÊ UMA ESPIADINHA EM ALGUMAS EDIÇÕES DO MUSEU DO ABSURDO EM VERSÃO PRESENCIAL OU ONLINE

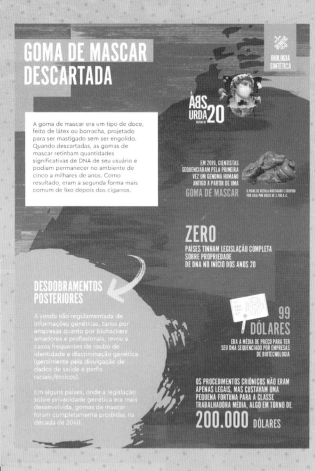

GOMA DE MASCAR DESCARTADA

A goma de mascar era um tipo de doce, feito de látex ou borracha, projetado para ser mastigado sem ser engolido. Quando descartadas, as gomas de mascar retinham quantidades significativas de DNA de seu usuário e podiam permanecer no ambiente de cinco a milhares de anos. Como resultado, eram a segunda forma mais comum de lixo depois dos cigarros.

BIOLOGIA SINTÉTICA

ABSURDA 20

EM 2019, CIENTISTAS SEQUENCIARAM PELA PRIMEIRA VEZ UM GENOMA HUMANO ANTIGO A PARTIR DE UMA **GOMA DE MASCAR**

O PICHE DE BETULA MASTIGADO E CUSPIDO POR LOLA POR VOLTA DE 3.700 A.C.

ZERO
PAÍSES TINHAM LEGISLAÇÃO COMPLETA SOBRE PROPRIEDADE DE DNA NO INÍCIO DOS ANOS 20

DESDOBRAMENTOS POSTERIORES

A venda não regulamentada de informações genéticas, tanto por empresas quanto por biohackers amadores e profissionais, levou a casos frequentes de roubo de identidade e discriminação genética (geralmente pela divulgação de dados de saúde e perfis raciais/étnicos).

Em alguns países, onde a legislação sobre privacidade genética era mais desenvolvida, gomas de mascar foram completamente proibidas na década de 2040.

99 DÓLARES
ERA A MÉDIA DE PREÇO PARA TER SEU DNA SEQUENCIADO POR EMPRESAS DE BIOTECNOLOGIA

OS PROCEDIMENTOS CRIÔNICOS NÃO ERAM APENAS LEGAIS, MAS CUSTAVAM UMA PEQUENA FORTUNA PARA A CLASSE TRABALHADORA MÉDIA, ALGO EM TORNO DE
200.000 DÓLARES

GARRAFA DE PLÁSTICO DESCARTÁVEL

GRANDE ILHA DE LIXO DO PACÍFICO, 2020

GARRAFA DE PLÁSTICO DESCARTÁVEL

Recipientes como este eram ostensivamente usados para vender água potável destinada ao consumo individual imediato. Garrafas como esta eram altamente funcionais, baratas e permitiam grande conveniência.

Plásticos descartáveis deste tipo eram usados apenas uma vez antes de serem descartados ou reciclados. Esta garrafa foi encontrada no que ficou conhecido como A Grande Ilha de Lixo do Pacífico, o maior acúmulo de plástico oceânico do planeta.

DESDOBRAMENTOS POSTERIORES

Com a proibição de plásticos descartáveis e virgens em 2033, empresas se voltaram para áreas como a Grande Ilha de Lixo do Pacífico como fontes de matérias-primas. Em consequência, a área agora está completamente limpa e 100% de seu plástico foi reaproveitado para novos produtos.

RESÍDUOS

ÁGUA ABSURDA DÉCADA DE 20

PRODUÇÃO GLOBAL DE PLÁSTICO: **300** MILHÕES DE TONELADAS/ANO

TEMPO DE DECOMPOSIÇÃO: **450** ANOS

RECICLAGEM TOTAL DE PLÁSTICO: **10,13%**

CONSUMO: **1** MILHÃO DE GARRAFAS POR MINUTO

PRODUTOS QUÍMICOS TÓXICOS LIBERADOS: PVC, BPA, BPS

A GRANDE ILHA DE LIXO DO PACÍFICO
1.6 MILHÕES DE KM²
SÃO FRANCISCO

PLÁSTICOS DESCARTÁVEIS MAIS COMUNS: SACOLAS DE PLÁSTICAS, CANUDOS, MEXEDOR DE CAFÉ, GARRAFAS DE REFRIGERANTE E A MAIORIA DAS EMBALAGENS DE ALIMENTOS

GOMA DE MASCAR

EUA, 2022

Se nós vivemos em um mundo absurdo, estar indignado faz parte de nossa experiência no planeta. Absurdo é aquilo que não faz sentido, que não tem razão de ser. O que não se enquadra na lógica da vida. Encarar o absurdo da nossa realidade presente nos dá coragem para mudar e evidencia quais coisas, práticas, ideias não queremos que façam parte dos nossos futuros.

Desde o SXSW de 2022, já levamos o Museu do Absurdo a dezenas de pessoas em edições presenciais e físicas, e "instalamos" as lentes do absurdo em todos aqueles que toparam viajar até 2050 com a gente nessa divertida e inusitada experiência.

COLOQUE SUA LENTE MULTITEMPORAL E VAMOS PROCURAR ABSURDOS

BORA PRATICAR?

VIAJE AO PASSADO | PARTE 1

Que coisas (hábitos, práticas, objetos, costumes, crenças, leis, tecnologias, moda etc.) eram consideradas normais 30 anos atrás que hoje são consideradas absurdas?

Escolha uma e explique seu racional.
(Esse exercício pode ser realizado pensando em absurdos relacionados ao seu tópico focal ou pode ser feito de forma livre).

O QUE ERA CONSIDERADO NORMAL HÁ 30 ANOS, MAS É ABSURDO HOJE?

PORQUE....

VIAJE AO PASSADO | PARTE 2

Partindo da mesma lógica da pergunta anterior, imagine-se em 2050 olhando retrospectivamente para a década de 20 e liste coisas que são absolutamente banais hoje, mas são passíveis de estar no Museu do Absurdo em 2050.

Escolha uma e explique seu racional.
(Esse exercício pode ser realizado pensando em absurdos relacionados ao seu tópico focal ou pode ser feito de forma livre).

O QUE ERA CONSIDERADO NORMAL HÁ 30 ANOS, MAS É ABSURDO HOJE?

PORQUE....

Acho que deu para você perceber que a Lente Multitemporal é seu dispositivo pessoal de viagem no tempo. Sim, acredite: ao esticar suas noções de temporalidade, você ressignifica a sua própria noção do tempo e considera a interconexão entre diferentes visões. Isso ajuda a construir futuros mais sustentáveis e a prever melhores consequências das ações atuais. Presente, passado e futuro coexistem em nossa mente e saber dançar entre estas temporalidades nos permite exercitar a Reimaginação Radical.

E como isso nos ajuda a reimaginar? Que tal algumas perguntas para iluminar a sua renovada Inteligência Temporal?

E se o meu tema/projeto fosse reimaginado a partir de outra relação com o tempo?

De que formas você acha que seu objeto de Reimaginação Radical seria diferente se a noção de temporalidade humana fosse diferente?

Essa experiência tem que ser comprimida? Ou ela pode ser mais lenta, exigir mais atenção e dedicação? E se meu projeto instigasse a contemplação e ajudasse as pessoas a estarem mais aterradas no presente, uma habilidade que parece estarmos deixando de ter?

Como ele seria se partisse da premissa que os humanos vivessem em média não setenta, mas duzentos anos?

Usar a Lente Multitemporal é um convite permanente para experimentar outras temporalidades além das que o nosso sistema cultural nos impõe. Viaje para o passado e para o futuro em diferentes horizontes temporais e veja sua capacidade imaginativa se expandir a partir desta dança espiralar entre histórias.

Te convidamos a escrever um cartão postal para você mesmo no futuro. Escolha uma data e mande suas lembranças do presente para o seu eu do futuro. Que mensagem você mandaria para o seu eu do futuro? O que você gostaria que seu eu do futuro não esquecesse?

⇨ QUER USAR A LENTE MULTITEMPORAL COM MAIS FLUÊNCIA?
DÁ UM PULINHO NA PÁGINA 270 PARA CONFERIR A CURADORIA DESTE CAPÍTULO.

OLÁ...SEU NOME AQUI DE... ANO PARA O QUAL VOCÊ QUER VIAJAR.

capítulo 8

Lente Multissensorial

"ENSINAR NÃO É TRANSFERIR CONHECIMENTO, MAS CRIAR AS **POSSIBILIDADES** PARA A SUA PRÓPRIA PRODUÇÃO OU A SUA CONSTRUÇÃO."

Paulo Freire

Reimaginar o futuro não é apenas um exercício intelectual. Envolver nossos sentidos, corpo e emoções é algo essencial para nos engajarmos e imergirmos nas possibilidades do amanhã.

Contando um pouco da história de nossas práticas e de como propomos a experiência nesta jornada com o livro, já dá para perceber um fio condutor nessa forma de vislumbrar futuros: estamos convocando todo o nosso corpo e todos os sentidos para nos ajudar a libertar a nossa criatividade. A Lente Multissensorial diz respeito justamente a isso: ao estímulo e envolvimento de vários sentidos. E, como você já percebeu em toda a jornada até aqui, para ativar seus sentidos você terá que "fazer coisas".

A abordagem multissensorial não é uma prerrogativa nossa, é uma abordagem educacional que parte da premissa da utilização de diferentes modalidades sensoriais, reconhecendo que o cérebro humano processa informações de maneira mais eficiente quando várias áreas sensoriais são ativadas simultaneamente.

O MÉTODO MONTESSORI FOI DESENVOLVIDO PELA MÉDICA ITALIANA MARIA MONTESSORI NO INÍCIO DO SÉCULO XX E TEM COMO OBJETIVO PROMOVER O DESENVOLVIMENTO INTEGRAL DA CRIANÇA, INCLUINDO ASPECTOS COGNITIVOS, SOCIAIS, EMOCIONAIS E FÍSICOS.

Os princípios do Aprendizado Multissensorial em Montessori estão baseados na ideia de que cada criança é única e possui um ritmo e estilo de aprendizagem próprios.

Para entender porque a aprendizagem multissensorial é tida como uma das mais eficientes que existem, é importante entender como nossa mente funciona. O cérebro humano evoluiu para aprender e crescer em um ambiente multissensorial... e nós lembramos melhor das coisas quando as instruções são entregues engajando os múltiplos sentidos.

A ideia de que temos diferentes tipos de inteligência hoje é amplamente aceita, mas nem sempre foi assim. A visão tradicional de que a inteligência é uma capacidade única que pode ser medida por testes de QI ainda possui forte lastro, porém cada vez mais se amplia a visão dos pedagogos, professores e psicólogos acerca do conceito de inteligência. Na Teoria das Múltiplas Inteligências, Howard Gardner propõe que temos 8 tipos de inteligências.

As inteligências são independentes, manifestando-se com mais ênfase conforme o estímulo que recebem. Porém, todas as oito inteligências estão interligadas, o que leva a crer que todas as pessoas possuem capacidade de desenvolver todas as inteligências. Mais um ponto para a abordagem multissensorial, que possibilita acessar esses diversos processos cognitivos através do estímulo do tato, olfato, paladar, visão e audição.

A multissensorialidade também é crucial para a inclusão e acessibilidade. Ao considerar vários sentidos, é possível criar experiências que sejam acessíveis e compreensíveis para pessoas com deficiências ou necessidades especiais, garantindo que todos tenham a oportunidade de construir seus futuros.

Isso é especialmente importante para a construção de futuros, pois permite que as pessoas desenvolvam uma visão mais abrangente.

Agora que sua mente racional já está mais tranquilizada ao saber que você aprende mais ao usar seus sentidos, vamos te contar um pouco de como aplicamos a Lente Multissensorial em nossas experiências de aprendizagem.

Tudo começou quando começamos a receber consistentemente o *feedback* dos participantes de nossos eventos, que saíam preocupados, pensativos ou diziam frases como "amei a palestra, mas não vou conseguir dormir essa noite". Apesar dos nossos incansáveis esforços para trazer perspectivas de futuros desejáveis, era inegável que os temas emergentes não tinham nada de leveza ou inspiravam otimismo. Durante anos, mapeamos conversas emergentes e apresentamos para diversas grandes empresas tais narrativas. Tínhamos o desafio de falar sobre assuntos tão diversos que iam da crise da masculinidade hegemônica à recessão global, passando por excruciantes análises dos desdobramentos da pandemia de Covid-19 até polarização política e *fake news*.

Foi com questões difíceis, complexas e desconfortáveis como a crise climática ou o avanço desregulado da Inteligência Artificial (e aqui quando dizemos desregulado estamos nos referindo ao significado literal de desregulado) que aprendemos que precisávamos engajar as pessoas de novas formas.

Parecia uma equação impossível de resolver: precisávamos engajar pessoas exaustas em eventos sobre a permacrise e o colapso civilizatório entre uma reunião, um prazo para cumprir e uma meta inalcançável.

A conclusão óbvia: cada encontro precisa ser incrível. As pessoas têm de decidir voltar por elas mesmas, independente se é obrigatório. Elas têm que querer comentar com o marido, com a esposa, com o amigo no final do dia sobre algo que sentiram nesse breve momento que estiveram vislumbrando futuros com a gente. Elas têm de querer **abrir espaço** na sua agenda, porque sentiram, emocionaram-se, divertiram-se, conectaram-se. Começamos a investir nosso tempo para gerar fascínio, diversão e humor.

Sim, ousamos acreditar que podemos nos divertir enquanto pensamos em futuros. Fomos inserindo cada vez mais elementos artísticos e transformando a linguagem de nossos encontros. Se precisamos fazer uma live, vai ser como um programa de TV. Se temos um estudo para entregar, vamos criar uma metáfora visual para explicar os *insights*. Se temos três horas de atenção em um *workshop*, vamos criar uma experiência que tire as pessoas do lugar (inclusive literalmente, como vamos contar). Começamos a roteirizar as experiências nos detalhes, incluir performances artísticas e colocar as pessoas para participar. Estávamos criando experiências do que hoje se chama **Edutainment** – a junção de educação com entretenimento com o método – mesmo sem ter planejado.

Já fomos chamadas de loucas por colocar as pessoas para dançar, pintar, cantar em *workshops* empresariais. Na pandemia, fizemos dança de dedinhos na tela, criamos vinhetas de convidados, áudios engraçados, personagens fictícios, paródias de músicas. Exploramos todos os avatares de coelho em todas as plataformas de videoconferência. Criamos interfaces interativas para captar o sentimento dos participantes. Fizemos festa do pijama com grandes nomes da pesquisa de tendência mundial. Contratamos artistas para fazer poemas, piadas e roteiros de esquetes.

E foi com essas e outras histórias que entendemos que havia um fio entre todas essas atividades: estávamos estimulando sensibilidades adormecidas através dos sentidos.

Se você quer ativar seu poder de reimaginação, fazemos aqui alguns convites: exerça seu poder de expressão **sem se importar com o resultado**. A ideia de que toda expressão precisa ter um padrão estético ou valor de mercado é um forte inibidor da nossa criatividade. Estamos aqui para incentivá-lo a tentar, pois o que importa é o processo de aprendizagem. O que sentimos quando estamos engajando nossos sentidos? Em nossas experiências, descobrimos que muitas pessoas não pegam em um giz de cera há décadas. E todo mundo se joga e se derrete quando pega em uma massinha de modelar. Portanto, fica aqui nossa convocatória:

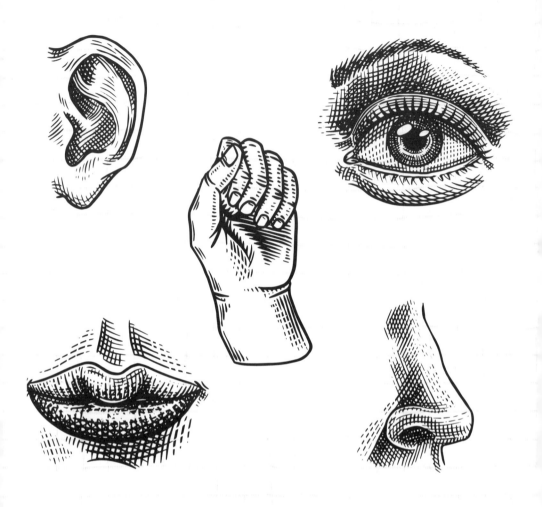

E como integrar os sentidos quando estamos querendo reimaginar algo?

LEVANTE

Mexer o corpo tem um grande poder para convencer nossa mente de que estamos nos deslocando. Muitas vezes fazemos as pessoas levantarem dos seus lugares em nossos *workshops* – a maioria das vezes sob protesto. Fazemos exercícios onde as pessoas têm de se deslocar fisicamente e quando estamos animadas, terminamos com uma "*ola*", sim, a onda. Quando você estiver empacado em uma reunião ou quiser uma nova visão sobre algo, ouse levantar e/ou propor aos colegas exercícios onde você muda de lugar e veja o que acontece.

Interfaces Interativas Customizadas

A acessibilidade, inclusão e democratização são chaves no trabalho de disseminar cultura de futuros. Eventos *online* são uma resposta para esses 3 aspectos, porém como manter a audiência engajada? Desenvolvemos uma série de interações de jogos e participação ativa das audiências em eventos *online*, e customizamos a interface para a narrativa visual do evento. Seja para captar o que a audiência está sentindo, para facilitar um Questione o Futuro ou para fazer exercícios colaborativos, as Interfaces Interativas Customizadas são a nossa solução. As IICs, como costumamos chamar, fazem toda a diferença em transformar palestras em experiencias interativas.

INTERFACES DESENVOLVIDAS EM PARCEIRA COM TACITO VIERO NA PLATAFORMA LUDIFICA

BATA PALMA

Quem já foi em uma de nossas experiências vai lembrar que quase sempre começamos aplaudindo a nós mesmos por termos aberto um espaço literal na nossa agenda. Uma ação objetiva, rebelde, concreta: reservar um tempo para vislumbrar futuros. Agradecemos. E lembramos que cada minuto que a pessoa consegue ficar conectada com essa janela que abrimos através das lentes é uma grande honra e um privilégio em um momento em que nossos cérebros estão exaustos. Reconhecer o esforço por meio desse simples ato de bater palmas é suficiente para mudar a atmosfera de uma conversa. Bater palmas é uma tecnologia ancestral que muda a frequência da conversa, literalmente.

Citamos frequentemente a frase da ativista política Emma Goldman: "Se não puder dançar, não é a minha revolução". E mais do que citar, praticamos. Fazemos desafio de dança ao final do Museu do Absurdo, distribuímos orelhas de coelhos nos Festivais de Inovação engajando as pessoas a dançarem, dançamos com balões em cursos *online*. Não é por acaso que todo filme da Disney termina em dança, é porque a dança é uma expressão coletiva poderosa onde podemos engajar todo o nosso corpo e sentir-se livre. Portanto, procure com afinco oportunidades para **dançar o futuro**. A resistência pode ser grande no início, mas ninguém esquece um momento em que foi capaz de dançar alegremente.

VEJA (OU NÃO)

Encantar pela beleza é algo irresistível e fazemos isso sem pudor. Investimos muito de nosso tempo e recursos em transformar em imagens belas que sejam marcantes para gerar memória. Porém também adoramos fazer as pessoas fecharem os olhos para poderem ver. Sim, colocamos vendas nas pessoas em diversas experiências e em uma das atividades que mais gostamos de conduzir na perspectiva da Lente Multissensorial é o LAB NOIR, uma dinâmica em que os grupos são vendados e precisam realizar tarefas em conjunto como montar um brinquedo de múltiplas partes ou construir a maior torre possível utilizando massinha de modelar. Privadas do sentido da visão, as pessoas são obrigadas a se comunicar de forma mais assertiva e não esquecem das lições aprendidas com essa restrição.

223

CANTE

Ah, a música. A linguagem universal é capaz de mudar a ressonância de um ambiente imediatamente. É até engraçado ver a diferença que faz nas experiências *online* quando chegamos em um ambiente e está tocando música. Escolher a trilha sonora para a chegada e a saída das nossas experiências é um ponto crucial. Também criamos paródias de músicas e efeitos sonoros para as mais diversas ocasiões. Nunca é exagero se ocupar da música. Utilizamos músicas como sinais poderosos de narrativas que emergem. E convidamos aqui a pensar: que música mexe com a sua imaginação? Como você pode utilizar a música para engajar mais pessoas nas histórias de futuros que você acredita? Como você pode se valer da música para criar ambientes mais propícios à imaginação?

ESCREVA

Você deve ter percebido que muitas das atividades desse livro tem a ver com escrever. A livre escrita é um poderoso e gratuito instrumento para deixar emergir as ideias e inquietações que estão lá no fundo de sua mente esperando para serem descobertas. Incentivamos diversas práticas de escrita, nem que seja para queimar o que você escreveu.

DESENHE, PINTE E BORDE

Sempre recomendamos que as pessoas tenham cadernos em qualquer experiência de aprendizagem, e você já recebeu várias vezes o convite aqui neste livro para pegar o lápis de cor e colocar a sua cor – literal e figuradamente – neste livro-brinquedo. Pintar e desenhar são ações simples que literalmente abrem espaços em nossa mente, trazendo um respiro interno para nossa capacidade imaginativa. As pessoas acham que não têm tempo para pintar ou desenhar, parece até algo fútil. Porém basta ultrapassar a resistência inicial para experienciar espaços de sensações que só são acessíveis quando você coloca o tato em jogo e solta a mão para o que está emergindo dentro de você. Experimente aqui mesmo! Dedicamos a próxima página com uma moldura especial para o que vier: pode pintar tudo de uma cor, fazer bolinhas, imitar emojis ou encher de corações. Pode botar aquele rabisco que você viu na internet pra testar, pode imitar uma fonte que você ama.

COMA

Compartilhar uma refeição é uma tecnologia ancestral para gerar sensação de pertencimento e laços afetivos que permitem o espaço para conversas difíceis. E se você quer engajar alguém, sempre lembre do paladar. Inclusive descobrimos muito na prática o que todo organizador de eventos sabe: comida boa é meio caminho andado para as pessoas saírem satisfeitas de uma experiência. E, para além disso, especular sobre o que e como vamos comer no futuro na prática – ou seja, comendo mesmo – é um convite que ninguém recusa e gera memórias inesquecíveis.

FIGURINE-SE

E os figurinos? Se nosso corpo está na cena, também temos que estar integradas na narrativa visual. Improvisamos muitas vezes, em outras investimos em perucas ou óculos de led. Já nos vestimos de nadadoras olímpicas, árvore de natal e viajantes do tempo. Usamos óculos caleidoscópicos e perucas coloridas. Criamos *hacks* para maquiagem e tatuagens temporárias para as performances do Museu do Absurdo. Claro que não estamos dizendo que todo mundo precisa se fantasiar para pensar futuros, mas se você quer propor experiências divertidas, a primeira regra é você se divertir também. Basta você pensar numa festa temática para lembrar do poder que você tem de usar o próprio corpo como veículo de uma mensagem de aprendizado.

ALIÁS, SE VOCÊ QUER VESTIR A CAMISETA DA REIMAGINAÇÃO RADICAL, VOCÊ LITERALMENTE PODE, SABIA? MUITAS DAS ARTES, ILUSTRAÇÕES E FRASES QUE VOCÊ VIU POR AQUI ESTÃO NAS LINHAS DE CAMISETAS DO NOSSO DESIGNER ANDRÉ BARBOSA.

JOGUE CARTAS

Já que falamos e praticamos tanto o "ver o futuro", temos uma forma muito nossa de ativar o nosso senso de oráculo: as cartas. Baralhos são instrumentos incríveis de estimular discussões sobre o futuro, por isso criamos jogos de cartas que envolvem desde o quebra-gelo com perguntas e temas para conversas, até jogos mais complexos que combinam cartas de cenários futuros com elementos de pesquisa. Usar cartas une a visão e o tato e sua capacidade sintética acaba gerando um *token* do aprendizado, estimulando análises combinatórias entre as cartas. Deixamos aqui alguns exemplos de baralhos que já criamos para você se inspirar. Que tal criar seu baralho com os temas que você se interessa reimaginar e usar para combinar com outros elementos? As possibilidades se ampliam instantaneamente e não há bloqueio criativo que fique de pé.

RIA

Quando o lampejo da permacrise acontece, é inevitável se desorientar. As perspectivas do emaranhamento sistêmico das crises são realmente assustadoras, ou para usar um meme: se você não está apavorado é porque não está entendendo. Costumamos fazer a piada sem graça de que para trabalhar com pensamento de futuros deveríamos receber insalubridade. Usamos o poder da comédia para abrir espaços, acreditando que, como já disse Daniel Martins de Barros, "quem é capaz de rir diante das coisas tem mais possibilidade de desafiar a norma subjacente às ideias, pois exercita um modo diferente de olhar para elas. (...) O segredo está na subversão do humor, sua essência de olhar as coisas por outro ângulo, procurar explicações alternativas, soluções não explícitas." Ou citando a famosa frase de George Orwell, "toda piada é uma pequena revolução". Em nossas experiências, abusamos dessa linguagem. Porque sabemos que o riso é potente – e ensina. E, mais que ensinar, ele abre pequenas fendas na realidade para que imaginemos outras coisas, outros cenários. O riso suspende o tempo. E isso é mágico.

* FRASE DITA PELO ATOR, DIRETOR E HUMORISTA PAULO GUSTAVO, EM UMA DE SUAS ÚLTIMAS APARIÇÕES NA TELEVISÃO

USE MEMES

Meme é cultura, literalmente! Usamos memes sem moderação para contar histórias. Você sabe o que significa e de onde vem a palavra "meme"? O termo foi cunhado pelo zoólogo Richard Dawkins em sua obra "O gene egoísta", de 1976, para fazer uma comparação com o conceito de gene. Assim, para Dawkins, meme seria "uma unidade de transmissão cultural, ou de imitação", ou seja, tudo aquilo que se transmite através da repetição, como hábitos e costumes dentro de uma determinada cultura. Pelo seu significado compartilhado, o meme atua como uma "piada interna" e traz a noção de pertencimento para quem se identifica com o significado. Por isso é muito efetivo usar memes para dar exemplos ou para caracterizar uma transformação cultural, gera conexão instantânea com as pessoas. Sem falar que é uma delícia aprender com memes e assim honramos esse verdadeiro orgulho nacional brasileiro: a nossa capacidade infinita de fazer memes!

Ao reconhecer os nossos sentidos como fonte de aprendizagem, integramos inclusive a sabedoria ancestral de honrar o corpo e as sensações, abrindo mão do racionalismo excessivo que aprisiona a criatividade. Engajar pela beleza e pela alegria faz a gente suspender a apatia e a inércia e ter a energia necessária para reimaginar o que a gente quiser, coletivamente. São nesses momentos que a intuição aflora: você não sabe porquê nem como você sabe, **mas você sabe**. Você sente.

Em resumo, conte histórias

A essa altura já te convencemos a fazer algumas práticas e você já sentiu sua capacidade imaginativa mais expandida com as possibilidades multissensoriais. Mas o que tudo isso tem a ver com pensar futuros? Podemos resumir em uma palavra: histórias.

A contação de histórias é a tecnologia ancestral que abarca todas as sensibilidades e a expressão artísticas, além de ser berço de tradições, veículo de culturas. Assim se estuda história, assim se cultuam divindades, assim se formam comunidades. Uma história bem contada encanta e mobiliza. No coração de cada ritual importante para a humanidade há a capacidade de elaborar sobre suas vivências tão únicas do ser humano. Não seria diferente no pensamento de futuros. Porém, como podemos contar histórias sobre coisas que ainda não aconteceram? A ficção científica está aí para nos provar que é possível contar histórias de futuros que não aconteceram ainda ou que são apenas especulação.

Uma das metodologias mais conhecidas dos estudos de futuros é a criação dos chamados cenários futuros. Criar histórias de futuros com o nome de cenários é uma prática que remonta aos anos 50, e muitos autores já trouxeram sua visão autoral sobre esta prática. Na perspectiva da Lente Multissensorial, queremos apenas lembrar que Cenários são essencialmente histórias sobre futuros possíveis e incentivar você a usar todo seu repertório multissensorial para criar seus próprios cenários de futuros. Cenários descrevem pessoas, lugares, objetos, e a vida em algum futuro possível de forma a permitir que a gente faça uma viagem no tempo para um momento. Aliás, a construção de cenários é muito utilizada em Hollywood, pois é preciso criar mundos possíveis nas quais as narrativas dos filmes, séries e outros produtos audiovisuais se passam. É preciso imaginar tudo aquilo que os personagens estariam vivendo. Tem muita pesquisa de cenários por trás de muita cena que você vê na Netflix.

Construir cenários é tentar tirar uma fotografia de um mundo possível. É uma imagem específica e concreta. A vantagem de se criar cenários, em vez de só falar sobre o que pode acontecer no futuro, é que eles permitem uma tangibilização maior daquela realidade, usando dos sentidos para isso. E quando um futuro se torna mais tangível as pessoas não só o entendem, mas o sentem de outras formas. É a diferença entre falar da inovação tecnológica ou olhar um filme de ficção científica, entre ouvir uma palestra e se acabar de dançar num show.

Por isso não há como falar em contar histórias de futuros sem olhar para o design especulativo. Quando a maior parte das pessoas pensa em design elas normalmente pensam nele como uma forma de resolver problemas, certo? Usamos o design para criar objetos e produtos que resolvam um problema ou que endereçam uma necessidade ou desejo. Mas quando se trata de design especulativo é exatamente o contrário. Ao design especulativo o que interessa mesmo é procurar problemas e fazer perguntas. O design especulativo busca usar o design como uma ferramenta não somente para construir coisas, mas também ideias para especular sobre futuros possíveis.

E se você, como nós, acredita no poder da interseção entre arte e design para reimaginar o futuro, vai se encantar por essa área do design que integra ficção científica e o uso de tecnologias emergentes.

O design especulativo cria objetos que nos provocam e expandem nossas percepções sobre o futuro e sobre os grandes problemas com os quais lidamos hoje e lidaremos amanhã.

Normalmente os objetos criados pelo design especulativo são os chamados artefatos de futuro. Os artefatos são considerados Objetos Diegéticos, o que significa que fazem sentido a partir de uma diegese, ou narrativa específica. No caso dos artefatos de futuros, essa narrativa é de outro tempo. Designers criam objetos físicos que podem existir nesses futuros especulativos.

Estes artefatos servem como representações tangíveis de ideias abstratas contidas nas histórias dos cenários e tendem a ser pensados para serem o mais provocativos possível.

Se fica difícil vislumbrar o que seria um artefato de futuro, imagine o seguinte: você é enviado para algum ponto do futuro, mas você só tem cinco minutos até ser enviado de volta para o presente. O que você pegaria para trazer de lá?

Um objeto, fragmento de texto ou foto que te ajudasse a explicar para as pessoas do presente como a vida se parece naquele futuro. Você provavelmente não conseguiria trazer um carro voador de volta com você, mas provavelmente conseguiria pegar uma revista ou um pacote de batatinhas. Essa é a lógica dos artefatos de futuro. Eles costumam ser coisas banais como, por exemplo, um adesivo de carro, rótulos de produtos, a nota fiscal de uma compra.

Vamos ver um exemplo?

Em parceria com a Rito, empresa especializada em criação de experiências imersivas utilizando arte, design e estudos de futuros, criamos um ambiente com uma série de artefatos de futuros na forma de cartazes. A priori, parecem somente avisos ou mensagens publicitárias. Porém evocam histórias de cenários futuros, fazendo com que especulemos que mundo seria esse onde isso está acontecendo.

Quer um exemplo? Um dos cartazes que apresentamos neste evento foi esse na página seguinte: é o anúncio de um aplicativo que sobrepõe anúncios publicitários com obras de arte. Olhando esse artefato, não temos uma história toda detalhada sobre esse futuro em que ele existe ou como esse software funcionaria. Mas a ideia é deixar que as pessoas se sintam provocadas por essas lacunas e criem suas próprias suposições sobre que mundo seria esse.

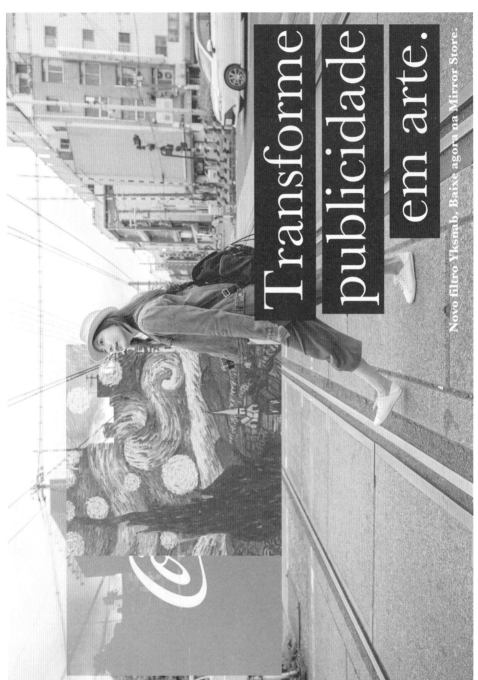

Arte: Paulo Renan Soares Lessa, da Rito

Olhando essa imagem podemos pressupor que:

Talvez, esse futuro não esteja muito distante, mas nele as tecnologias de realidade aumentada parecem ser bem mais disseminadas e parte do dia a dia em comparação com hoje;

Hoje em dia usamos filtros de realidade aumentada com uma simples câmera de celular, mas talvez nesse futuro aqui essa tecnologia esteja embutida nos nossos óculos, quem sabe nas lentes de contato;

Essa tecnologia permitiria que a gente tivesse mais controle sobre quais conteúdos nos impactam e, como consequência, mais controle sobre o que consumimos? Se sim, como as empresas que pagam por estes anúncios reagiriam?

E se alguém criasse um app para esconder as coisas que as pessoas gostariam de evitar em suas cidades, como pessoas em situação de rua, por exemplo?

Essas são só algumas das muitas perguntas que esse artefato pode nos provocar.

Se queremos atrair e engajar pessoas para as mudanças necessárias, precisaremos saber contar histórias. É fácil ser cínico quanto ao futuro. O futuro distópico é o mais provável, aliás. Ser cínico e ficar sem esperanças frente a um mundo polarizado, em guerra, com a inteligência artificial desregulada é nada mais do que o óbvio. Mas, como nos inspira Rohit Bhargava, queremos enxergar o não-óbvio, pois afinal, o **"óbvio é essa inabilidade de imaginar algo diferente, pensar maior, ter a mente aberta ou mudar nossa perspectiva"** – Rohit Bhargava, em palestra no SXSW.

Como podemos estimular o não óbvio através do poder das histórias? Muito tem se falado sobre contação de histórias como forma de construir realidades e seres humanos são contadores de histórias inatos. Portanto, pensemos: que histórias queremos contar? Que histórias precisamos contar agora e como? Podemos usar a expressão artística para contar essas histórias e engajar grupos em histórias de futuros nos quais queremos viver? A que histórias de futuros queremos dar visibilidade?

Como diz a sabedoria popular, "quem não enxerga a casa pronta, não suporta a obra". A obra que estamos passando é nada mais nada menos do que a da transição do mundo como o conhecemos. Portanto, precisamos ser capazes de sonhar com esse mundo que queremos viver. E agora que você já está devidamente equipado com as 5 lentes da Reimaginação Radical, vamos te convidar a sonhar.

⇨ QUER USAR A LENTE MULTISSENSORIAL COM MAIS FLUÊNCIA?
DÁ UM PULINHO NA PÁGINA 274 PARA CONFERIR A CURADORIA DESTE CAPÍTULO.

capítulo 9

Sonhos lúcidos

"SOMOS O QUE FAZEMOS, MAS SOMOS, PRINCIPALMENTE, O QUE FAZEMOS PARA MUDAR O QUE SOMOS.

OS CIENTISTAS DIZEM QUE SOMOS FEITOS DE ÁTOMOS, MAS UM PASSARINHO ME CONTOU QUE SOMOS FEITOS DE **HISTÓRIAS E SONHOS.**"

Eduardo Galeano

"SONHAR É **ACORDAR-SE** PARA DENTRO."

Mario Quintana

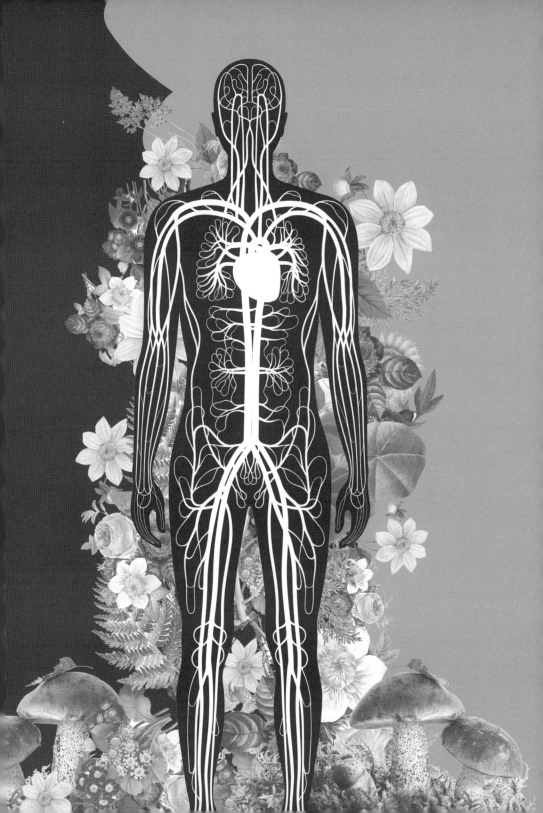

Agora, imagine-se em um sonho. De repente, você percebe que está sonhando. Esse é o momento em que a maioria das pessoas se veria desperta, puxada de volta à realidade pelo peso das obrigações e pela solidez inquestionável do mundo concreto. Já aconteceu com você?

Mas, e se, em vez de despertar, você soubesse que é um sonho e decidisse continuar dentro dele? Esse é o poder do sonho lúcido: um equilíbrio delicado entre estar ciente de sua própria criação e, ao mesmo tempo, escolher permanecer no reino do possível, resistindo à tentação de retornar ao que conhecemos como "realidade".

Estamos fazendo esse paralelo entre o sonho lúcido e a forma como você pode reimaginar sua realidade como um treino para materializar suas ideias. Pense nos sonhos como algo abstrato, mas também como uma ferramenta. Existem até técnicas para provocar sonhos lúcidos e ganhar algum controle sobre eles – da narrativa ao ambiente.

Agora, vamos pensar em algo curioso: quando percebemos que estamos sonhando, a maioria de nós acorda, não é? E na vida acordada, acontece algo parecido. Quantas vezes você teve uma ideia incrível, uma epifania, e logo pensou: "Isso é muito difícil", "É irreal", ou "Não dá para fazer isso funcionar". Somos quase treinados a nos "despertar" dessas ideias e trazê--las de volta à realidade. Como se todo pensamento tivesse que ser útil e imediato. Mas é essa autocensura que acaba matando nossa imaginação.

Esse é o exercício que propomos a você neste último capítulo. E se você soubesse que está em um sonho, mas, em vez de tentar corrigir ou consertar, escolhesse deixar fluir? E se decidíssemos juntos mudar a direção das coisas, explorar o que é diferente, sem pressa de ajustar ao que é familiar?

Vocês aceitam
ESSA AVENTURA CONOSCO?

Colocar-se no estado de sonho

O que acontece se, em vez de acordar da sua epifania, você decidir permanecer nela? Permitir que sua mente vagueie, explore possibilidades, sem se prender ao que parece prático ou alcançável.

Abrir esses espaços em nossa vida é crucial. Porque é aí que a reimaginação começa a florescer. Podemos nos inspirar, por exemplo, no conceito de Esperança Ativa, da autora Joanna Macy. Ela nos lembra que a esperança não é algo passivo, que "temos ou não temos". É algo que fazemos, algo que praticamos. Ela nos ensina ferramentas para enfrentar a confusão e a dor do mundo sem sermos consumidos pela angústia ou pela incerteza.

Aqui, ao longo dessa jornada, encorajamos você a deixar suas ideias fluírem, mesmo que pareçam distantes, improváveis ou desafiadoras demais. Sabemos que, em algum momento, você deve ter se autocensurado – é natural.

E por que esse exercício é tão essencial para a Reimaginação Radical? É simples. Lembra daquela frase famosa atribuída a Einstein? "Nenhum problema pode ser resolvido pelo mesmo estado de consciência que o criou." Para lidar com os desafios que enfrentaremos no futuro, precisamos de novas perspectivas, uma nova forma de ver e pensar o mundo.

Você pode se perguntar: "Por que buscar outras sensibilidades? Como isso me ajuda a criar algo novo? Como isso me ajuda a resolver os problemas que estou enfrentando agora?" A resposta é: abrir-se para o desconhecido, para as epifanias, é exatamente o que amplia sua capacidade de inovar.

É verdade, os obstáculos são reais e as barreiras podem parecer intransponíveis. Mas e se, em vez de tentar resolver tudo de imediato, você aprender a ficar com o problema? Explorar o que não tem resposta clara? É desse espaço de incerteza que a verdadeira inovação nasce.

Os indígenas Yanomami, por exemplo, veem os sonhos como experiências reais, capazes de mudar o rumo dos acontecimentos, influenciando o cole-

SONHAR ÀS VEZES FAZ A GENTE VIRAR NOSSO MUNDO DE CABEÇA PARA BAIXO, NÉ?

247

Por isso, sugerimos que você esteja sempre alerta, pronto para perceber quando uma grande ideia surge. Esses momentos podem ser a chave para manifestar algo mais profundo, uma resposta para um desejo intrínseco.

2 | Manifestar o sonho

Quando uma epifania vier, não corra imediatamente de volta à realidade. Manifeste-a! Essas ideias têm o péssimo hábito de fugir e nunca mais voltar se não as agarramos. Uma das técnicas mais conhecidas para treinar sonhos lúcidos é manter um diário de sonhos.

Algumas culturas indígenas, por exemplo, têm a prática de compartilhar sonhos uns com os outros. Por isso, incentivamos você a fazer o mesmo: escreva seus insights, compartilhe com outros e, assim, explore todas as possibilidades do seu sonho, para que ele não escape.

3 | Explorar o sonho

Muitas vezes, temos vergonha de compartilhar nossos sonhos, com medo de que pareçam sem sentido para os outros. Mas o importante aqui não é chegar a uma visão final, mas sim explorar as possibilidades.

Nas técnicas de sonho lúcido, é fundamental prestar atenção aos sentimentos que você experimenta no sonho, e não apenas aos fatos. Elaborar a sensação que seus sonhos despertam pode ser um grande portal para novas ideias.

4 | Trazer o sonho para a lucidez

Não se deixe intimidar por não ter todas as respostas. A clareza de que você está sonhando – a lucidez – permite que você faça as perguntas certas para transformar seu sonho em realidade. Pergunte-se: quais são as

248

1 | Identificar o sonho

Somos tão bons em olhar para a realidade que, muitas vezes, não percebemos quando estamos sonhando grande. Aquelas ideias que surgem no chuveiro, no meio de uma aula ou enquanto divagamos longe... e logo esquecemos. São esses momentos que trazem epifanias capazes de mostrar novos caminhos.

Se você já participou de uma reunião de brainstorming, sabe bem: quando mais precisamos, nosso cérebro parece emperrar.

NOME QUE SE DÁ A UMA TÉCNICA DE PENSAMENTO PARA GERAR NOVAS IDEIAS E SOLUÇÕES, A PARTIR DE UMA "CHUVA DE IDEIAS", QUE NEM SEMPRE PRECISAM SER PRÁTICAS OU ACIONÁVEIS. A IDEIA É QUE SOLUÇÕES CRIATIVAS POSSAM SER ENCONTRADAS.

Uma das técnicas para induzir sonhos lúcidos é a Indução Mnemônica de Sonhos Lúcidos (MILD). Basicamente, quando estiver acordado, repita para si mesmo: "Eu vou lembrar de explorar meu próximo sonho." Isso treina sua mente a identificar esses momentos de epifania.

tivo. Para eles, os sonhos não são meras representações do inconsciente individual, como sugerido pela psicanálise, mas sim forças vivas que podem impactar o mundo ao seu redor.

Da mesma forma, o sonho lúcido nos ensina a ver a realidade não como um obstáculo intransponível, mas como algo que revela as lacunas entre onde estamos e onde queremos estar. Assim, podemos começar a construir pontes, túneis ou até pistas de voo entre o que existe e o que desejamos criar.

Quem sabe você começa com pequenas peças, como em um jogo de Lego. Um passo de cada vez. Ou talvez, de repente, você decida que é hora de construir asas e voar, mesmo sem saber ao certo como fazer isso.

Você deve estar se perguntando como pode praticar o sonho lúcido na sua jornada de Reimaginação Radical. Sugerimos alguns passos para isso:

249

5. Navegar na Protopia

Sabemos que as mudanças acontecem de forma gradual. Reimaginar o futuro é urgente, sim, mas sua concretização vem com pequenos passos. Aqui está uma boa pergunta para você: se sua jornada de Reimaginação Radical fosse um grande jogo de Lego, qual seria a primeira peça? Qual é o primeiro teste que você pode fazer para mover-se em direção ao seu sonho?

Essa é a ideia por trás do conceito de Protopia, amplificado por Kevin Kelly. Ele nos ensina que pensar em futuros desejáveis não significa buscar uma utopia perfeita e garantida, mas sim ancorar no presente e ser melhor hoje do que fomos ontem.

Compartilhe seu sonho com alguém!

Conte sobre seu projeto de reimaginação para alguém (amigos, família, colegas de trabalho, parceiros etc.) e registre aqui. Como a outra pessoa respondeu às suas ideias influenciadas pelas lentes da Reimaginação Radical? Como você se sentiu compartilhando? Isso ajudou a ter novas ideias ou a colocar suas ideias em perspectiva?

barreiras sociais que impedem a concretização desse sonho? Quais lacunas existem entre a realidade e essa visão?

Essa capacidade de fazer perguntas é algo que praticamos na Lente da Ousadia. Lembre-se de sempre voltar a essa ferramenta mágica: o ponto de interrogação. Ele ajuda você a ganhar clareza sobre o que precisa ser feito, como discutimos na visão sistêmica.

251

Sentiremos saudade, mas estamos caminhando
PARA O FINAL DA NOSSA JORNADA JUNTOS

Antes de nos despedirmos, queremos plantar a semente dos sonhos lúcidos na sua maneira de ver, viver e sentir o mundo. Sim, é possível reimaginar radicalmente, desde que você mantenha a consciência do seu sonho, com a clareza de quem vai construindo peça por peça, como um Lego, o futuro que deseja.

Compartilhe seu sonho com o mundo – seja conosco, por meio das redes sociais, ou com amigos, familiares, colegas e amores. Verbalize-o. Deixe-o circular. Quando manifestamos nossos sonhos, damos a chance de outras pessoas se conectarem com eles, de interligarem seus próprios sonhos aos nossos, e assim criamos juntos visões ainda mais poderosas.

Afinal, o futuro é sempre uma construção coletiva. Uma visão compartilhada sobre o que ele pode ser é o primeiro passo para torná-lo realidade. Falando em sonhos, você se lembra de como termina o livro da Alice? Provavelmente, sim – ela acorda e tudo o que viveu no País das Maravilhas era apenas um sonho.

Mas talvez você tenha esquecido o que acontece depois: Alice conta para sua irmã o sonho inteiro – sobre o Coelho Branco, as criaturas estranhas e as aventuras mágicas que viveu. E, ao ouvir a história, a irmã de Alice também cai no sono e começa a sonhar.

Ela sonha com a pequena Alice e, enquanto escuta o relato da irmã, o mundo ao seu redor se transforma. As folhas longas de grama farfalham sob seus pés, o Coelho Branco corre apressado, o Rato agita a água da lagoa, e o tilintar das xícaras ecoa da mesa de chá da Lebre de Março. A voz da Rainha, severa e autoritária, condena seus convidados à execução.

A irmã de Alice, mesmo sabendo que estava em um sonho, escolheu permanecer nele por mais um tempo. Ela decidiu ficar nesse mundo curioso, vivendo o sonho da irmã.

Se o País das Maravilhas não existia antes de Alice contar seu sonho, ele passou a existir naquele instante. Todas as criaturas ganharam vida fora do sonho, todas as emoções tornaram-se palpáveis. O mundo que se abriu ao cair da toca do coelho nunca mais foi fechado. Mesmo quando Alice retornou à realidade, o País das Maravilhas permaneceu, imortalizado no imaginário coletivo.

Assim como a irmã de Alice, nós desejamos que você exerça o poder de imaginar! Manifeste seus sonhos lúcidos. Assim como o sonho não existe antes do sonhador, o País das Maravilhas também não existe sem a Alice.

QUER USAR O SONHO LÚCIDO COM MAIS FLUÊNCIA?
DÁ UM PULINHO NA PÁGINA 278 PARA CONFERIR A CURADORIA DESTE CAPÍTULO.

capítulo 10

Compartilhando o nosso sonho

E aí, se a gente agora dissesse que você precisa DESVER tudo que viu desde o início dessa jornada, não seria impossível?

Pois é. É assim mesmo. Depois que a gente expande nosso horizonte, não há como voltar atrás.

E nisso reside a nossa esperança: quanto mais pessoas forem capazes de vislumbrar futuros nos quais desejamos viver, mais seremos capazes de criá-los.

Por isso, incentivamos você a falar sobre o que você viu, como cada lente da Reimaginação Radical ressoou para você.

Com a lente da Ousadia, **esperamos que você tenha questionado o futuro.**

Com a lente Pluriversal, **provocamos você a considerar todas as perspectivas como válidas.**

Com a lente Multitemporal, **você deve ter viajado no tempo.**

Com a lente Sistêmica, **você pode ter visto as interdependências e aprendido com a natureza.**

Com a lente Multisensorial, **você provavelmente aprendeu com seu corpo todo e passou a contar histórias.**

E esse é o nosso sonho lúcido, onde gostamos de nos teletransportar a todo momento: sonhamos com o movimento da Reimaginação Radical.

Neste sonho vemos pessoas inconformadas em entregar seus futuros para a distopia. Pessoas conectadas com o atributo da coragem – a bravura que vem de um coração forte – ou, em outras palavras, conectadas com seus corações. O coração só sabe ser radical, é ele quem avisa quando vivemos coisas que não condizem com nossos sonhos. Neste sonho, vemos pessoas que abrem espaços para sonhar.

E, lucidamente, trabalhamos arduamente para escrever cada linha deste livro pensando em engajar você a VER.

Esperamos humildemente que as lentes da Reimaginação Radical se acoplem em sua visão de mundo, te fazendo enxergar mais e mais possibilidades. Só de você ter chegado até aqui, já é a realização deste sonho. A coisa mais lúcida deste sonho é a ideia de que é só coletivamente que seremos capazes desse vislumbre que poderá inspirar novas realidades. Nos vemos em breve, nos futuros que queremos viver!

Atravesse o espelho

É uma honra e um privilégio receber você aqui do outro lado do espelho, onde preparamos uma curadoria especial de livros, vídeos, movimentos, artistas, pensadores, facilitadores, pesquisadores que nos influenciaram e colaboraram para nossa própria jornada de reimaginar radicalmente como podemos fazer estudos de futuros. Aproveite!

Além das referências que você encontra aqui, temos uma *landing page* onde geramos um repositório de estudos da White Rabbit, que reproduzimos alguns trechos neste livro.

Capítulo 3

Caixinha de ferramentas para vislumbrar futuros

O artigo "defuturing the image of the future" (em inglês), discorre sobre o conceito das "imagens de futuro", criado por Fred L. Polak, conta como essas imagens foram construídas no ocidente e como podemos criar novas imagens futuras.

O vídeo "Hauntology, Lost Futures and 80s Nostalgia" (em inglês) faz uma breve análise sobre o "lento cancelamento do futuro" e como a cultura pop parece não criar novas imagens de futuros.

No artigo "What our fantasies about futuristic food say about us" (em inglês), o antropólogo Kelly Alexander reflete sobre o que nossas ideias mais comuns revelam sobre o futuro da comida.

"The signals are talking" — um mergulho na pesquisa de sinais de acordo com Amy Webb.

Já te provocaram sobre o motivo de pensar em futuros? No site Postnormal Times (em inglês) você pode refletir mais sobre razões para lidar com o conceito de tempos pós--normais.

No texto "What is 'Futures Literacy' and Why it is important?" (em inglês), Nicklas Larsen aborda a importância da alfabetização de futuros.

No artigo "O mundo como um iceberg", você vai encontrar uma explicação mais detalhada sobre o modelo do iceberg na Teoria U.

O artigo "Searching for Signals" (em inglês), do Institute for the Future, traz dicas extras que podem ajudar na sua pesquisa de sinais.

O site Envisioning (em inglês) tem alguns *insights* e sinais sobre tecnologias emergentes que podem ajudar você no seu mapeamento.

O Futures Center tem um repositório de sinais de mudança (em inglês) que pode ser uma forma interessante de explorar outros sinais que você talvez não tenha visto ainda.

Que tal conhecer uma nova inovação, todos os dias? O site Trendwatching (em inglês) tem uma seção específica que apresenta uma inovação diferente todos os dias. Vale o acesso.

Narratopias (em inglês) é um projeto colaborativo e aberto da Plurality University para organizar, em escala global, uma resposta coletiva ao apelo recorrente por "novas narrativas".

O livro "Teoria em U", de Otto Scharmer, publicado no Brasil pela Alta Books, descreve os métodos da sua teoria e as abordagens práticas que podem apoiar na solução de grandes desafios do mundo de hoje.

Uma pergunta mais bonita, livro do jornalista Warren Berger, que foi inspiração para a metodologia dos *workshops* Questione o Futuro. Ele explica o que é uma boa pergunta e sugere esquemas de formulação de perguntas cada vez melhores.

Os quatro futuros (Four Futures, no original em inglês) de Jim Dator é um dos textos considerados uma das teorias seminais dos estudos de futuro.

Capítulo 4

Lente da Ousadia

Não deixe de assistir ao vídeo "Cool Guys don't look at explosions", disponível no YouTube.

Tanto o livro quanto o podcast, que levam o mesmo nome, são uma grande referência. Ambos são produzidos por Douglas Rushkoff e são uma entre tantas obras fundamentais para a redefinição do que é ousadia. Rushkoff nos convida a ser do "time dos humanos".

Se você, assim como nós, tem sede de visões alternativas de futuros, não pode deixar de conhecer a obra de Octavia Butler. Sugerimos começar com "Kindred", publicado no Brasil pela editora Morro Branco. Além de ser considerada a grande "dama da ficção científica", a sua própria história de vida é uma ode à ousadia, escrevendo obras de grande impacto nesse gênero tão amplamente dominado pela lógica masculina e branca.

Se você quer questionar o futuro com uma abordagem crítica e técnica, especialmente quando se trata de tecnologias emergentes, não pode deixar de conhecer o relatório anual do Future Today Institute, chefiado por Amy Webb, grande influência para o nosso trabalho, além de ser uma das futuristas mais relevantes do mundo.

Um dos cientistas mais referenciados do mundo no campo da Inteligência Artificial, Stuart Russell traz nesta obra a sua proposta de como seguir apostando no desenvolvimento da tecnologia, porém com resultados positivos para a humanidade. Nós particularmente adoramos a sua ideia de "robôs humildes" (*humble machines*, no original em inglês).

Capítulo 5
Lente Pluriversal

On Pluriversality and Multipolarity
Walter Mignolo é um autor referência para os primeiros usos do conceito de pluriversalidade no contexto acadêmico e seu uso para estudos culturais. Esse prefácio escrito por ele vale a leitura!

Pluriversal Playhouse
Para além do belíssimo artigo da Sahana (que você encontra nas referências deste capítulo), pode ser bem bacana navegar Pluriversal Playhouse, projeto de disseminação do pensamento pluriversal através do poder das narrativas.

Ideias para adiar o fim do mundo
Coloque a lente da ousadia para ler este livro de Ailton Krenak, pois cada fala dele vai te fazer questionar a sua visão de mundo.

A queda do céu
O livro "A queda do céu" é inclassificável em termos de gênero: é o fruto de mais de 30 anos de trocas entre o etnólogo-escritor Bruce Albert e Davi Kopenawa, o xamã-narrador. Abre uma janela para a cosmovisão Yanomami que vai fazer o seu céu tremer.

The danger of a single story
Essa é uma das palestras mais assistidas no TED, que chegou a se transformar em livro depois. Escutar esta fala de Chimamanda Ngozi Adichie pode ser como ouvir um verdadeiro manifesto pluriversal.

Apropiação Cultural
O letramento decolonial passa por compreender o violento processo de apropriação cultural. Este trabalho, do doutor em Ciências Sociais e babalorixá Rodney William, é primoroso. Recomendamos especialmente para pessoas brancas que buscam se aperfeiçoar na luta antirracista.

Complexo de Vira-Lata
O desdobramento da ideia trazida por Nelson Rodrigues no Brasil Contemporâneo, feita por Marcia Tiburi em "Complexo de Vira-lata: análise da humilhação brasileira", é crucial para compreendermos a especificidade dos desafios brasileiros para uma narrativa decolonial de futuros (uma leitura que pode ser dolorosa de tão real).

Lugar de Fala
O termo "lugar de fala" se tornou mais comum a partir desta publicação da Djamila Ribeiro, porém é importante resgatar como isso se constitui nas ciências sociais. Este *best seller* é básico para o letramento de futuros pluriversais.

"Design Justice: Community-Led Practices to Build the Worlds We Need"
Essa obra da Sasha Costanza-Chock explora como o design pode ser liderado por comunidades marginalizadas, desmantelar a desigualdade estrutural e promover a libertação coletiva e a sobrevivência ecológica.

"Time for Indigenous futurism"
Esse artigo (em inglês) traz diversas expressões do futurismo indígena nas artes.

Repensando o Apocalipse: Um Manifesto Indígena Anti-Futurista
O manifesto rejeita a ideia de futurismo e nossas ideias sobre o fim do mundo, afirmando que os povos indígenas já estão vivendo no pós-apocalipse.

Vídeo "Queering the Future | Jason Tester"
Entenda como um olhar para o futuro através de uma lente LGBTQIPN+ pode beneficiar a todos nós.

Projeto Muslim Futurism
Reúne visões de futuros onde a dignidade, florescimento e imaginação muçulmanas sejam concretizadas.

The Awesome Anthropocene Goals
O que vem depois dos Objetivos de Desenvolvimento Sustentável de 2030? Nos inspiramos neste projeto para criar nosso exercício de reconhecimento e declaração de viés.

Capítulo 6
Lente Sistêmica

O mundo mais bonito que nossos corações sabem ser possível
Além de ter o nome de livro mais bonito que nós já vimos, essa obra do Charles Eisenstein explica a história da separação e é uma daquelas leituras capazes de mudar sua forma de ver o mundo.

Nature Now
Assista ao vídeo em que Greta Thunberg e George Monbiot explicam que já existe uma uma máquina mágica, que suga carbono do ar, custa muito pouco e se constrói sozinha: as ÁRVORES.

Fungo Fantástico – doc Netflix
Uma forma divertida de compreender e visualizar a estrutura do rizoma, bem como dar uma espiada no potencial revolucionário dos cogumelos medicinais para a solução da crise da saúde mental.

A inteligência secreta das árvores
Você nunca mais duvidará da inteligência da natureza após ler esse livro que discorre sobre as mais recentes descobertas sobre o mundo oculto desses seres misteriosos que são as árvores.

Embracing Complexity: Strategic Perspectives for an Age of Turbulence
O livro "Embracing Complexity: Strategic Perspectives for an Age of Turbulence" (em inglês) descreve o que significa dizer que o mundo é complexo e explora o que isso significa para gerentes, formuladores de políticas e indivíduos.

Tools for Systems Thinkers: The 6 Fundamental Concepts of Systems Thinking
O artigo "Tools for Systems Thinkers: The 6 Fundamental Concepts of Systems Thinking" apresenta *insights* e ferramentas para desenvolver o pensamento sistêmico para resolução de problemas complexos e a transição para a economia circular.

The Ecology of Wisdom: Writings
O livro "The Ecology of Wisdom: Writings" é uma coleção dos melhores textos do criador da Ecologia Profunda, Arne Naess.

Fundação Ellen MacArthur
A Fundação Ellen MacArthur foi estabelecida em 2010 com a missão de acelerar a transição rumo a uma economia circular. Eles contam com materiais bastante didáticos para quem quiser explorar mais o conceito.

Economia Donut: Uma alternativa ao crescimento a qualquer custo
Existe alguma alternativa econômica viável? Para a economista Kate Raworth, a resposta é uma drástica mudança de paradigma, a Economia Donut. Analisando os sete pontos críticos com que a economia dominante nos trouxe à ruína, ela propõe um sistema no qual as necessidades de todos serão satisfeitas sem esgotar os recursos do planeta.

The world is poorly designed. But copying nature helps.
O vídeo "The world is poorly designed. But copying nature helps" da Vox explica como o engenheiro Eiji Nakatsu reimaginou os trens-bala japoneses com base na aerodinâmica das aves.

Neri Oxman
Página da Neri Oxman, que é designer, arquiteta, artista e criadora do Grupo Mediated Matter no MIT Media Lab, que conduz pesquisas na interseção de design computacional, fabricação digital, ciência dos materiais e biologia sintética.

Ask Nature
No site Ask Nature é possível consultar uma biblioteca de estratégias biológicas e inovações criadas pela natureza.

Lo—TEK: Design by Radical Indigenism
O livro "Lo—TEK: Design by Radical Indigenism" explora soluções de design criadas há milênios pela genialidade humana.

Bambual Editora
Com a Bambual Editora compartilhamos o propósito de trabalhar para a grande transição que estamos vivendo. Além de ser a editora e grande parceria para a realização deste livro, nos inspira com seu excelente catálogo de publicações que contribuem para a reimaginação do mundo.

What is a 'rhizome' in Deleuze and Guattari's thinking?
Ficou curioso sobre a definição de "rizoma" dentro da filosofia? Esse artigo (em inglês) evidencia como os pensadores se inspiraram em termos da natureza para pensar as conexões do mundo. Vale a leitura!

Rosa Alegria
Uma das pioneiras do pensamento de futuros no Brasil, é uma inspiração por sua visão sistêmica da inovação.

Anna Denardin
Designer e pesquisadora em sustentabilidade decolonial, colaboradora da White Rabbit em diversos estudos.

A Teia Viva
Quais são os sistemas complexos que estão na base da vida e como podemos compreendê-los? Fritjof Cappra se faz essa pergunta no inspirador livro A Teia da Vida.

Jacqueline Lafloufla
Expert em transformar ideias em boas histórias, a Jacque é veterana do ecossistema de inovação brasileiro e teve um papel fundamental na revisão final deste livro.

YouPix
Referência no fomento e estratégia do mercado de creators, é parceira da WR em estudos relacionados ao futuro da influência.

Cappra Institute
Hub global de cultura analítica, capacita organizações a adotarem práticas baseadas em dados que impulsionem a inovação, sendo uma grande referência e parceiro da WR.

Liga Pesquisa
Estudo de pesquisa qualitativa que opera com metodologias e práticas afinadas com os estudos de futuros.

Capítulo 7
Lente Multitemporal

Imaginable
Como treinar a nossa mente para imaginar o inimaginável? Jane McGonigal tenta traçar esse caminho através da psicologia e da neurociência, costurando com pensamento de futuros.

Sapiens: Uma breve história da humanidade
Obra de grande sucesso, foi de grande influência para nós e para muitas pessoas das mais diversas áreas que querem compreender a macro história.

Bàyo Akomolafe
Filósofo nigeriano e pensador globalmente reconhecido, é curador de um projeto global para a recalibração de nossa capacidade de responder à crise civilizacional: The Emergence Network. Seu curso "We will dance with mountains" foi muito influente em diversos projetos de pesquisa da White Rabbit.

Performances do tempo espiralar, poéticas do corpo-tela
Livro fundamental de Leda Maria Martins para decolonizar a visão do tempo-flecha.

Temporality Lab
Gustavo Nogueira é nossa grande referência de pesquisador de futuros ancorado na pesquisa sobre o tempo nas mais diferentes perspectivas. No seu projeto Temporality Lab, ele propõe experimentar outras temporalidades através de uma abordagem decolonial.

The Time Paradox: The New Psychology of Time That Will Change Your Life
Nesta obra, Philip Zimbardo fala sobre o tempo e como ele influencia nossas ações, pensamento e sentimentos.

A presença do passado
Rupert Sheldrake é biólogo e parapsicólogo britânico. Nesta obra, ele discorre sobre a polêmica hipótese do "campo morfogenético", que segue sendo rejeitada pela comunidade científica. Vale pela provocação.

A terra dos mil povos
Kaka Werá Jecupé é autor de diversos livros, nos quais compartilha saberes ancestrais e visões de mundo indígenas. Esta narrativa é uma referência na valorização da cultura indígena. Quem eram e o que pensavam os primeiros habitantes desta terra que hoje chamamos Brasil?

Sociedade do Cansaço e O Aroma do Tempo
O filósofo Byung-Chul Han é um dos autores que consegue estar presente tanto em discussões acadêmicas quanto na última *trend* do TikTok. Estas duas obras foram fundamentais em muitas de nossas percepções sobre o que significa pensar futuros no mundo de hoje. Impossível sair destas leituras sem questionar seu lugar neste sistema e sua relação com seu próprio tempo.

Uchronia - Designing Time
Neste livro, a autora investiga criticamente nossa crise contemporânea do tempo, sugerindo a necessidade de questionar, especular e projetar novos sistemas de controle do tempo.

Como ser um bom ancestral: A arte de pensar o futuro num mundo imediatista
Escrita pelo historiador da cultura, filósofo social e membro-fundador da School of Life Roman Krznaric, esse livro aborda a possibilidade de lidar de maneira mais cuidadosa com o pensamento de futuros. Krznaric é também conselheiro de inúmeras organizações, como a Oxfam e a ONU.

Álbum "O futuro é Ancestral"
Projeto musical do DJ Alok dedicado a amplificar as vozes dos povos indígenas para o mundo. Trata-se de uma colaboração com diversos artistas e coletivos indígenas, e tem sua renda revertida para as comunidades de origem.

Paty Carneiro
Pesquisadora de narrativas emergentes que colabora frequentemente com a White Rabbit e coordenou o time de pesquisa do projeto Ancestralidades.

The Long Now Foundation
A organização se dedica a encorajar o pensamento a longo termo.

Black Quantum Futurism
Coletivo literário e artístico que reimagina o tempo sob a lente afro-diaspórica.

Projetos Circa Solar e Circa Lunar – Ted Hunt
Projetos de Ted Hunt, designer crítico e especulativo, que propõe que nós busquemos nos sincronizar novamente com a temporalidade da natureza.

Qorpo Santo: a fenomenologia do Qaos
O dramaturgo José Joaquim de Campos Leão, ou Qorpo Santo (1829-1883), foi dono de turbulenta e agitada vida. Tido como insano, depois alçado à condição de precursor do teatro do Absurdo, traçou contribuições originais e ainda atuais para a crítica social através da arte.

"When We All Live to 150"
Neste projeto, Jaemin Paik explora as consequências da extensão da vida perguntando como a família, uma unidade básica fundamental que compõe uma sociedade, mudaria se todos vivêssemos até os 150 anos ou mais.

Tempero Drag
Rita Von Hunty, *drag queen* interpretada pelo professor Guilherme Terreri, é uma grande musa que nos ajuda a revelar os absurdos dos dias de hoje. Em seu excelente canal no YouTube, trata de temas sociais e políticos com humor e arte, acreditando, assim como nós, na educação como ferramenta de emancipação.

Plataforma Ancestralidades Itaú Cultural
Projeto desenvolvido pela Fundação Tide Setubal e Itaú Cultural, onde a White Rabbit colaborou por 2 anos com a pesquisa de narrativas emergentes.

Datise Biasi
Colaboradora e parceira da White Rabbit em projetos de estudos relativos a narrativas econômicas emergentes e futuro do trabalho, é uma grande referência neste tema, aliando a novos formatos de educação.

Sitah
Artista visual, fotógrafa, jornalista e antropóloga visual que se dedica a amplificar a voz da floresta e dos povos originários através da fotografia. Autora do livro "Ywastãn - A Grande Mãe Terra Sagrada".

Roberta Ramos
Beta Ramos comanda a Iandê Projetos, que já colaborou conosco em diversos temas dos estudos de futuros, experienciando metodologias integradas com IA e construindo narrativas integradas aos projetos de pesquisa.

Andrea Bisker
Andrea Bisker é uma das precursoras no estudo de tendências do Brasil, além de ser arquiteta de comunidades de mulheres líderes no ecossistema de inovação brasileiro.

Andrea Dietrich
Uma das pioneiras da transformação digital no Brasil, a Didi é uma embaixadora do desenvolvimento da ambidestria nas organizações.

125 anos: a nova edição do MIT Technology Review Brasil
Nesta edição especial do MIT Tech Review Brasil, contribuimos para especular os próximos 125 anos.

Fronteiras do Pensamento
Desde 2006, o Fronteiras do Pensamento reúne pensadores influentes em ciclos de conferências para debater grandes temas da atualidade, sendo um grande repositório de diversos temas relacionados aos estudos de futuros.

FIKA Conversas
Metodologia desenvolvida por Tipiti Barros para discutir a ressignificação de conceitos contemporâneos.

Flow.ers
Consultoria que inspira organizações a promover impacto positivo na sociedade e no meio ambiente.

Babi Bono
Conectora de pessoas por vocação, é a criadora da plataforma Conecta Cria, onde colaboramos para conectar conteúdos dos festivais de inovação com as periferias e suas lideranças.

Capítulo 8

Lente Multissensorial

Report "2050 Scenarios: four plausible futures"
Relatório da Arup explora quatro cenários futuros plausíveis com base na interseção entre a saúde do nosso planeta e as condições sociais.

Bell Hooks
Esta autora tão necessária para os momentos atuais nos presenteia com a reunião de trinta anos de experiência em sala de aula no livro "Ensinando Comunidades". Uma leitura que nos ajuda a resgatar o senso comunitário para reaprender a sonhar coletivamente.

Simone Kliass
Cofundadora e conselheira da Associação Brasileira de Realidade Estendida (XRBR), Simone é uma artista da voz reconhecida mundialmente que investiga e constrói as fronteiras do futuro das atividades que envolvem experiências imersivas.

Rohit Barghava
Idealizador da plataforma Non-obvious, sua forma de transformar tendências em histórias cativantes nos influenciou demais e continua a inspirar com sua curadoria de temas e livros.

Arvore Immersive
ARVORE é um estúdio brasileiro que cria e desenvolve experiências narrativas interativas usando as mais recentes tecnologias imersivas, como Realidade Virtual, Realidade Aumentada e Realidade Mista. Reconhecido mundialmente em diversas premiações, é uma referência no cenário de narrativas imersivas no Brasil e no mundo.

Sheylli Caleffi
Colaboradora e parceira da White Rabbit, Sheylli reuniu no livro "Não enrole: um guia para falar bem em público e na internet" seus mais de 20 anos de experiência em como ajudar pessoas a desenvolver sua oratória com técnicas acessíveis para todos. Um livro para ler e reler.

Carla Link
Expert em design estratégico para inovação, Carla é referência com sua pesquisa de cidades inteligentes a partir de redes de colaboração.

O caminho do artista
Neste *best-seller*, Julia Cameron também propõe uma jornada de aprendizagem interativa, reunindo uma série de exercícios, reflexões e ferramentas. Seus exercícios de escrita livre e a forma de encarar a expressão artística como manifestação da criatividade inspiraram muito da lente multissensorial.

Rir é preciso
Este livro revela a ciência por trás do humor e dá dicas de como usá-lo para atravessar períodos difíceis. Aprendemos que usar o humor muitas vezes é a única forma de acessar verdades inconvenientes e criar ambientes seguros para conversas sobre as implicações da permacrise.

Jogos para a estimulação das múltiplas inteligências
Se você quer ainda mais repertório de jogos e interações para desenvolver múltiplas inteligências, aqui está uma coletânea primorosa.

Lucy McRae
Artista especula sobre o futuro da existência humana – explorando os limites do corpo, da beleza, da biotecnologia e do eu.

Vídeo "A look inside Dubai's Museum of the Future"
O Museu é um espaço de exposição de ideologias, serviços e produtos inovadores e futurista.

Projeto Speculative Posters – Rito
Coleção de cartazes especulativos desenvolvidos pela Rito e expostos na experiência Glimpses, desenvolvida com a White Rabbit.

Extinction Rebellion
É um movimento internacional descentralizado e sem afiliação político-partidária que usa ação direta não-violenta para pressionar os governos a responder de forma justa à emergência climática e ecológica. Sua linguagem envolvente e sua premissa ancorada na cultura de paz são uma grande inspiração para nós.

Superflux
Conheça o trabalho do estúdio pioneiro do design especulativo em seu website oficial.

Catarina Papa
Colaboradora frequente na WR, foi fundamental na primeira edição do Museu do Absurdo e é uma referência para nós em pesquisas sobre DeFi – *Decentralized Finance,* Web3 e experiências de aprendizagem imersivas.

Paulo Aguiar
Paulo é um criativo multidisiciplinar explorando as fronteiras da IA, tem em sua trajetória profunda experiência no mercado de *gaming*. Colaborador frequente da WR, sempre disposto a criar novas interfaces e interações tecnológicas.

Projeto "Faraoyść"
Criado pelas pesquisadoras Nour Jaoude Abou, Julia Szagdaj e Anna Lathrop, o projeto "Faraoyść" faz a seguinte pergunta: o que significa construir o mundo a partir da alegria?

"Understanding Speculative Design"
Um excelente resumo para quem quer saber mais sobre design especulativo.

Edney Souza
Um dos pioneiros da internet no Brasil – e, por isso, mais conhecido como Interney – é uma grande referência na educação relacionada a tecnologias emergentes.

Gabi Terra
Fundadora da Magenta Colab, estudiosa da cultura e estrategista de comunicação, colaboradora da WR em diversos projetos.

Chris Pelajo
Além de ser um rosto conhecido do noticiário brasileiro, Chris Pelajo é uma verdadeira embaixadora da cultura de futuros e inovação no Brasil.

Erlana Castro
Uma das pioneiras das práticas e estudos ESG no Brasil, co-criadora do Radar Anti-Fragilidade e parceira da WR.

Capítulo 9

Sonhos Lúcidos

"Sonho Manifesto" de Sidarta Ribeiro
O autor compartilha conhecimentos de cientistas, pajés, xamãs, mestras e mestres de saber popular, artistas e inventores que nos lembram da importância de sonhar coletivamente com o futuro do planeta.

Como sonham os povos ameríndios
Este artigo resume interessantes achados de duas pesquisas recentes sobre a importância dos sonhos para os Yanomami e para os povos ameríndios.

"Esperança Ativa" de Joanna Macy
Obra da ecofilósofa oferece ferramentas que nos ajudam a enfrentar a confusão em que estamos, bem como encontrar e desempenhar nosso papel na transição coletiva.

Protopia - Kevin Kelly
Kevin Kelly descreve o conceito de Protopia, que rejeita as ideias de Utopia e Distopia.

VIVA O FIM
André Carvalhal é um mestre na contação de histórias de futuros: criou uma linguagem muito própria que engaja milhares de pessoas em seus textos e provocações. Nesta obra, traz esta afirmação que também acreditamos: o fim é o começo.

Manifesto "PROTOPIA FUTURES"
Expandindo o conceito de Kelly, esse manifesto oferece um modelo de pensamento para se construir futuros de forma mais inclusiva, consciente e decolonial.

agradecimentos

No DNA da nossa visão de Reimaginação Radical está a autonomia pessoal e o reconhecimento de cada um. Sim, ousamos acreditar que cada pessoa é um nó importante de uma rede infinita de conexões. Por isso, sempre privilegiamos encontros com muita participação, com uma curadoria preciosa de especialistas, e tudo isso enquanto também iniciamos e fazemos parte de diversas comunidades que são parte fundamental do ecossistema de inovação do Brasil.

Abrimos espaços para que muitas mãos reescrevam histórias sobre futuros. Acreditamos no poder da rede e queremos, aqui, honrar e agradecer todas as pessoas que já passaram pela equipe da White Rabbit.

Aos pesquisadores e pesquisadoras que já colaboraram conosco; aos nossos clientes que viabilizaram muitas das nossas ideias mais malucas; a cada uma das milhares de pessoas que já estiveram em nossos encontros; aos parceiros que fizeram acontecer o que nasceu apenas como uma ideia e um ppt. Aos pensadores, artistas e ativistas que influenciaram cada um de nós, deixamos aqui nosso sincero reconhecimento, partindo do pressuposto de que o conhecimento se faz em teia e que não há início nem fim em um emaranhado de inspirações sistêmicas.

E muito obrigada a você, inimigo do fim, fiel leitor ou leitora que chegou até aqui! Muito obrigada pela leitura e por aceitar nosso convite de reimaginar radicalmente!

Essa é a nossa comunidade: um grupo de pessoas inquietas e questionadoras como nós e que topam o convite de ir atrás do coelho branco. E agora você também faz parte dela.

Uma pequena lista incompleta...

É difícil contemplar todas as pessoas que mereceriam ser nomeadas aqui, porém queremos destacar agradecimentos que precisam ser eternizados

Para **Isadora Ferraz**,
fundamental na redação da primeira versão do escopo da Reimaginação Radical e quem nos trouxe a ideia da metáfora das lentes.

Para **Lucymara Andrade**,
pois cada história deste livro só foi possível graças à mente, o coração e as mãos dessa incansável realizadora de sonhos.

Para **Cesar Paz**,
nosso mentor e sócio que soube abrir caminhos e acender lampejos em nossas mentes em momentos de decisões difíceis (ou como a gente gosta de brincar, é o adulto da nossa empresa).

Pra essa galera do **trampo #realoficial**
Claudio Carvalho, Giovana Schwanke, Guilherme Heck, Sabrina Homrich, Roberta Ramos, Lari Montevequi, Alberto Azevedo, Letícia Schinestsck, Thiago Falcão, Victor Augusto Magalhães, Danilo Padjarof, Dorival Mata--Machado, Datise Biasi, Catarina Papa, Bya Rodrigues, Flavia "Chavinha" Nestrovski, Laura Hauser, Paty Carneiro, Sheylli Caleffi.

Referências

1 |

CARROLL, Lewis. Alice no País das Maravilhas. 1865.

MATRIX. Direção: Lana Wachowski, Lilly Wachowski. 1999.

Radical Love: Satish Kumar, 2023.

2 |

EDELMAN. Trust Barometer. Disponível em: https://www.edelman.com/trust/trust-barometer. Acesso em: 30 set. 2024.

BLADE RUNNER - O CAÇADOR DE ANDRÓIDES. Direção: Ridley Scott. EUA: Warner Bros., 1982.

MAD MAX. Direção: George Miller. Austrália: Kennedy Miller Productions, 1979.

O CONTO DA AIA. Produção: Bruce Miller. Baseado no romance de Margaret Atwood. Hulu, 2017.
AON. Relatório da Aon Global Media Relations. Número de desastres bilionários em 2023 é o mais alto já registrado. Disponível em: https://aon.mediaroom.com/2024-01-23-Number-of-Billion-Dollar-Disasters-in-2023-Highest-on-Record-Aon-Report. Acesso em: 30 set. 2024.

UNITED NATIONS OFFICE FOR DISASTER RISK REDUCTION. Uncounted costs - data gaps hide the true human impacts of disasters in 2023. Disponível em: https://www.undrr.org/explainer/uncounted-costs-of-disasters-2023. Acesso em: 30 set. 2024.

WORLD METEOROLOGICAL ORGANIZATION. Os custos econômicos dos desastres relacionados com o clima aumentam, mas os alertas precoces salvam vidas. Disponível em: https://wmo.int/media/news/economic-costs-of-weather-related-disasters-soars-early-warnings-save-lives. Acesso em: 30 set. 2024.

FÓRUM ECONÔMICO MUNDIAL. Relatório Riscos Globais 2014. Identifica as desigualdades de renda como a maior ameaça generalizada da próxima década. Disponível em: https://www3.weforum.org/docs/WEF_NR_Global-Risks_Report_Global_2014_PT.pdf. Acesso em: 30 set. 2024.

HHS. Social Media and Youth Mental Health. Disponível em: https://www.hhs.gov/sites/default/files/sg-youth-mental-health-social-media-advisory.pdf. Acesso em: 30 set. 2024.

CNN BRASIL. Brancos têm rendimento cerca de 40% maior do que negros, mostra pesquisa do IBGE. Disponível em: https://www.cnnbrasil.com.br/economia/macroeconomia/brancos-tem-rendimento-cerca-de-40-maior-do-que-negros-mostra-pesquisa-do-ibge/. Acesso em: 30 set. 2024.

G1. Brasil bate recorde de feminicídios em 2022, com uma mulher morta a cada 6 horas. Disponível em: https://g1.globo.com/monitor-da-violencia/noticia/2023/03/08/brasil-bate-recorde-de-feminicidios-em-2022-com-uma-mulher-morta-a-cada-6-horas.ghtml. Acesso em: 30 set. 2024.

WHO. Relatório da Organização das Nações Unidas sobre a maior revisão da saúde mental mundial. Disponível em: https://www.who.int/publications/i/item/9789240049338. Acesso em: 30 set. 2024.

WHO. OMS reconhece *burnout* como um fenômeno ocupacional em 2019. Disponível em: https://www.who.int/news/item/28-05-2019-burn-out-an-occupational-phenomenon-international-classification-of-diseases. Acesso em: 30 set. 2024.

FISHER, Mark. Fantasmas da minha vida: escritos sobre depressão, assombrologia e futuros perdidos. São Paulo: Autonomia Literária, 2022.

3 |

UNESCO. Alfabetização de Futuros. Disponível em: https://unesdoc.unesco.org/ark:/48223/pf0000372349. Acesso em: 30 set. 2024.

TOFFLER, Alvin. O Choque do Futuro. 5. ed. Rio de Janeiro: Record, 1998.

HANCOCK, Trevor; BEZOLD, Clement. Possible futures, preferable futures. The Healthcare Forum Journal, v. 37, n. 2, p. 23-29, 1994. Disponível em: https://www.researchgate.net/publication/13166132_Possible_futures_preferable_futures. Acesso em: 30 set. 2024.

INSTITUTE FOR THE FUTURE. Institute for the Future. Disponível em: https://www.iftf.org/. Acesso em: 30 set. 2024.

JANISSEK-MUNIZ, R.; FREITAS, H.; LESCA, H. A Inteligência Estratégica Antecipativa e Coletiva como apoio ao desenvolvimento da capacidade de adaptação das organizações. In: CONGRESSO INTERNACIONAL DE GESTÃO DE TECNOLOGIA E SISTEMAS DE INFORMAÇÃO (CONTECSI), 2007, São Paulo. Anais [...]. São Paulo: CONTECSI, 2007. Disponível em: https://www.researchgate.net/publication/278777731_A_inteligencia_Estrategica_Antecipativa_e_coletiva_como_apoio_ao_desenvolvimento_da_capacidade_de_adaptacao_das_organizacoes. Acesso em: 30 set. 2024.

SCHARMER, C. Otto. Teoria U: Como Liderar Pela Percepção e Realização do Futuro Emergente. 2. ed. São Paulo: Cultrix, 2019.

4 |

DATOR, Jim. Four Futures. Disponível em: https://foresightguide.com/dator-four-futures/. Acesso em: 30 set. 2024.

BERGER, Warren. Uma pergunta mais bonita. Rio de Janeiro: Intrínseca, 2014.

5 |

MIGNOLO, Walter. Foreword. On Pluriversality and Multipolarity. In: Constructing the Pluriverse. Duke University Press, 2018. DOI 10.1515/9781478002017-001. Acesso em: 30 set. 2024.

CHATTOPADHYAY, Sahana. Demystifying the 'Pluriverse' as the Hegemony Unravels. Disponível em: https://medium.com/age-of-emergence/demystifying-the-pluriverse-as-the-hegemony-unravels-f85b93dd605e. Acesso em: 30 set. 2024.

SANTOS, Antonio Bispo dos. A terra dá, a terra quer. Rio de Janeiro: Bazar do Tempo, 2020.

SIMAS, Luiz Antonio; RUFINO, Luiz. Fogo no mato. Rio de Janeiro: Mórula Editorial, 2020. (Edição Kindle, p. 11).

BRUM, Eliane. A Amazônia é o centro do mundo. Disponível em: https://brasil.elpais.com/brasil/2019/08/09/opinion/1565386635_311270.html. Acesso em: 30 set. 2024.

RIBEIRO, Djamila. Lugar de fala. São Paulo: Letramento, 2017.

NJERI, Aza. Disponível em: https://azanjeri.wixsite.com/azanjeri. Acesso em: 30 set. 2024.

KRENAK, Ailton. Ideias para adiar o fim do mundo. São Paulo: Companhia das Letras, 2019.

BENTO, Cida. O pacto da branquitude. São Paulo: Companhia das Letras, 2021.

NUNEZ, Geni. Descolonizando afetos: experimentações sobre outras formas de amar. São Paulo: Editora Jandaíra, 2021.

MARIAH, Morena. Disponível em: https://institutoafrofuturo.com/. Acesso em: 30 set. 2024.

SILVA, Tarcizio. Racismo algorítmico: Inteligência artificial e discriminação das redes digitais. Salvador: Editora Malê, 2021.

BENITES, Sandra. A tradição indígena e a crise climática. Disponível em: https://www.youtube.com/watch?v=tdIZjaxGyRg. Acesso em: 30 set. 2024.

SANTOS, Zaika. Disponível em: https://afrofuturismo.tech/. Acesso em: 30 set. 2024.

PEREIRA, Joselaine Rquel da Silva. MOVIMENTO DE MULHERES DO XINGU (MMX). Disponível em: https://repositorio.ufpa.br/bitstream/2011/14094/1/Artigo_MovimentoMulheresXingu.pdf. Acesso em: 30 set. 2024.

6 |

DESCARTES, René. Discurso do método. In: CIVITA, Victor (ed.). Os pensadores: Descartes. Trad. J. Guinsburg; Bento Prado Júnior. São Paulo: Nova Cultural, 1996. p. 61-127.

EISENSTEIN, Charles. O Mundo Mais Bonito que Nossos Corações Sabem Ser Possível. São Paulo: Palas Athena, 2020.

UNITED NATIONS ENVIRONMENT PROGRAMME. Nature-Based Solutions (NbS) Contributions Platform. Disponível em: https://www.unep.org/nbs-contributions-platform?_ga=2.189388907.1337031742.1694625020-1675477786.1694625020. Acesso em: 30 set. 2024.

THUNBERG, Greta; MONBIOT, George. Vídeo sobre a crise climática. Disponível em: https://www.youtube.com/watch?v=ii4yec9BPVE. Acesso em: 30 set. 2024.

HILLIS, David. Árvore da Vida.

DELEUZE, Gilles; GUATTARI, Félix. A Thousand Plateaus. Minneapolis: University of Minnesota Press, 1987.

MORIN, Edgar. Introdução ao Pensamento Complexo. Lisboa: Piaget, 2005.

NÆSS, Arne. The Ecology of Wisdom. Berkeley: Counterpoint, 2008.

CAPRA, Fritjof. Teia da Vida. São Paulo: Cultrix, 1996.

GUAJARÁ-MIRIM. Lei que define rio Laje como ente vivo e sujeito de direitos. Disponível em: https://sapl.guajaramirim.ro.leg.br/media/sapl/public/normajuridica/2023/2743/lei_2579.pdf. Acesso em: 30 set. 2024.

FOOTPRINT NETWORK. Dia da Sobrecarga da Terra. Disponível em: https://www.footprintnetwork.org/. Acesso em: 30 set. 2024.

RUSH, Michael. ART/ARCHITECTURE; A Lifetime of Kinship With Borges's Ambition. The New York Times, 22 de outubro de 2000. https://www.nytimes.com/2000/10/22/arts/art-architecture-a-lifetime-of-kinship-with-borges-s-ambitions.html. Acesso em: 30 set. 2024.

MERTON, Robert K. The Unanticipated Consequences of Purposive Social Action. American Sociological Review, v. 1, n. 6, p. 894-904, 1936. Disponível em: https://www.jstor.org/stable/2084615. Acesso em: 30 set. 2024.

MERTON, Robert K. A Ambivalência Sociológica e outros ensaios. Rio de Janeiro: Zahar, 1979.

Black Mirror. Série de TV. Produção: Charlie Brooker. Netflix, 2011.

GLENN, Jerome. Roda do Futuro. 1971. Disponível em: https://www.researchgate.net/publication/349335014_THE_FUTURES_WHEEL. Acesso em: 30 set. 2024.

7 |

INSTITUTE for the Future. Disponível em: https://www.iftf.org/. Acesso em: 30 set. 2024.

TFSX. Disponível em: https://tfsx.com/about/. Acesso em: 30 set. 2024.

POLAK, Frederik Lodewijk. The image of the future. Elsevier Scientific Pubiishing Company, Amsterdam, 1973.

ZIMBARDO, Philip. The time paradox: the new psychology of time that will change your life. Atria Books, 2008.

SCHMID, Helga. Uchronia: designing time. Birkhäuser, 2020.

HAN, Byung-Chul. O aroma do tempo. Petrópolis: Vozes, 2016.

KRZNARIC, Roman. O bom ancestral. Rio de Janeiro: Zahar, 2020.

ALEGRIA, Rosa. Revolução transetária. Disponível em: https://rosaalegria.com.br/revolucao-transetaria/. Acesso em: 30 set. 2024.

MARTINS, Leda Maria. Performances do tempo espiralar: poéticas do corpo-tela. Editora Cobogó, 2021.

ESSLIN, Martin. O teatro do absurdo. Rio de Janeiro: Zahar, 2018.

8 |

MULTISENSORY learning strategies for teaching students how to read. Disponível em: https://www.waterford.org/blog/multisensory-learning/. Acesso em: 30 set. 2024.

WILLIS, J. Estratégias amigas do cérebro para a sala de aula de inclusão: percepções de um neurologista e professor de sala de aula. 2007.

A ciência por trás do aprendizado multissensorial. Disponível em: https://institutoneurosaber.com.br/artigos/a-ciencia-por-tras-do-aprendizado-multissensorial/. Acesso em: 30 set. 2024.

MONTESSORI, Maria. The Absorbent Mind. Editora Start Publishing LLC, 2013.

GARDNER, Howard. Inteligencias Multiplas. Editora Penso, 2010.

BARROS, Daniel Martins de. Rir é preciso: descubra a ciência por trás do humor e aprenda a usá-lo para atravessar períodos difíceis e criar relações mais próximas. Sextante, p. 138. Edição do Kindle.

WILLIAMS, Barret. Designing the future: an introduction to speculative design. eBook Kindle, 2023.

DUNNE, Anthony; RABY, Fiona. Speculative everything: design, fiction, and social dreaming. Cambridge: MIT Press, 2013.

WHAT is speculative design? Disponível em: https://www.critical.design/post/what-is-speculative-design#:~:text=Defining%20Speculative%20Design:,social%20trends%2C%20and%20environmental%20issues. Acesso em: 30 set. 2024.

9 |

GALEANO, Eduardo. Entrevista para a L&PM Editores. Disponível em: https://www.lpm.com.br/site/default.asp?-TroncoID=805136&SecaoID=816261&SubsecaoID=0&-Template=../artigosnoticias/user_exibir.asp&ID=846191. Acesso em: 30 set. 2024.

Mario Quintana - Poema Os Parceiros. In: Apontamentos de história sobrenatural. Rio de Janeiro: Objetiva, 2012.

MACY, Joanna. Esperança ativa. Bambual Editora, 2020.

KELLY, Kevin. Protopia. Disponível em: https://kk.org/thetechnium/protopia/. Acesso em: 30 set. 2024.

Copyright © 2024 White Rabbit

Todos os direitos reservados. Nenhuma parte deste livro pode ser reimpressa ou reproduzida ou utilizada de qualquer forma ou por qualquer meio eletrônico, mecânico ou outro, agora conhecido ou inventado no futuro, incluindo fotocópia e gravação, ou em qualquer sistema de armazenamento ou recuperação de informações, sem permissão por escrito da editora.

COORDENAÇÃO EDITORIAL
Isabel Valle

CONCEPÇÃO E REDAÇÃO
Luciana Bazanella
Vanessa Mathias

PREPARAÇÃO DE TEXTO
Jacqueline Lafloufla

DESIGN, PROJETO GRÁFICO E CAPA
André Luiz Barbosa

ISBN 978-65-89138-67-9

colabora@bambualeditora.com.br
www.bambualeditora.com.br

Onde você pode nos encontrar